国家职业资格鉴定考试指导丛书

维修电工（中级）考前指导

主　编　王　建

副主编　李　伟　张　凯　张　宏　王小绢

参　编　陈令平　徐洪亮　季海峰　刘喜华　李娜娜　李文倩

　　　　杨　峥　何海龙　史海威　刘金玉　张　援

主　审　雷云涛

参　审　姚宝玉

机械工业出版社

本书是依据《国家职业标准》中对中级维修电工的相关要求，根据国家题库鉴定点，针对参加职业资格鉴定考试者进行考前准备而编写的。本书内容包含了中级维修电工的基础知识、专业知识和技能操作要点，并附有大量的理论试题、操作技能试题和模拟试卷，是中级维修电工参加职业资格鉴定的考前复习必备用书，也可作为职业技能培训参考用书。

图书在版编目（CIP）数据

维修电工（中级）考前指导/王建主编. —北京：机械工业出版社，2009.1（2016.8重印）

（国家职业资格鉴定考试指导丛书）

ISBN 978-7-111-25637-3

Ⅰ. 维… Ⅱ. 王… Ⅲ. 电工—维修—职业资格鉴定—自学参考资料 Ⅳ. TM07

中国版本图书馆CIP数据核字（2008）第185202号

机械工业出版社（北京市百万庄大街22号 邮政编码100037）
策划编辑：朱 华 责任编辑：王华庆
版式设计：霍永明 责任校对：樊钟英
封面设计：饶 薇 责任印制：乔 宇
三河市国英印务有限公司印刷
2016年8月第1版第7次印刷
169mm×239mm·11印张·1插页·213千字
12501—14400册
标准书号：ISBN 978-7-111-25637-3
定价：17.00元

凡购本书，如有缺页、倒页、脱页，由本社发行部调换

电话服务
服务咨询热线：010－88361066
读者购书热线：010－68326294
010－88379203

网络服务
机 工 官 网：www.cmpbook.com
机 工 官 博：weibo.com/cmp1952
金 书 网：www.golden-book.com
教育服务网：www.cmpedu.com

前　言

职业资格鉴定是全面贯彻落实科学发展观，大力实施人才强国战略的重要举措，有利于促进劳动力市场建设和发展，关系到广大劳动者的切身利益，对于企业发展和社会进步以及全面提高劳动者素质和职工队伍的创新能力具有重要作用。职业资格鉴定也是当前我国经济社会发展，特别是就业、再就业工作的迫切要求。

国家题库的建立对于保证职业资格鉴定工作的质量起着重要作用，是加快培养一大批数量充足、结构合理、素质优良的技能型、复合技能型和知识技能型的高技能人才，为各行各业造就出千万个能工巧匠的重要具体措施。但相当一部分工种的考试国家题库辅导丛书较为匮乏或已经过时，迫切需要一批针对于考试国家题库的复习用书，作为职业资格鉴定国家题库开发的参与者，急读者所急，想读者所想，真诚地想为广大参加职业资格鉴定的人员提供帮助，为此我们组织了部分参加国家题库开发的专家，以及长期从事职业资格鉴定工作的人员编写了这套“国家职业资格鉴定考试指导丛书”。本套丛书与国家职业标准、国家职业资格培训教程、国家题库是相配套的。在本丛书的编写过程中，贯彻了“围绕题库，服务考试”的原则，把编写重点放在以下几个主要方面：

第一，内容上涵盖国家职业标准对该工种的知识和技能方面的要求，确保达到本等级技能人才的培养目标。

第二，突出考前辅导的特色，以国家题库作为本套丛书的编写重点，内容上紧紧围绕国家题库的考试内容，充分体现系统性和实用性。

第三，坚持“新内容”为编写的侧重点，无论是内容还是形式上都力求使本套丛书有所创新，使本套丛书更贴近职业技能鉴定，更服务于职业资格鉴定。

但愿本套丛书能成为广大应试职业资格鉴定人员的好工具，使本套丛书成为您的良师益友！

由于时间和编者的水平有限，书中难免存在缺点错误，敬请广大的读者对本套丛书提出宝贵的意见。

编　者

目录

第四部分　操作技能考试指导

第五部分　国家题库试题精选

第六部分　职业资格鉴定模拟试卷样例

第一部分

考核重点与试卷结构

一、考核重点

考核重点是最近几年国家题库抽题组卷的基本范围，它反映了当前本职业（工种）对从业人员知识和技能要求的主要内容。

鉴定考核重点采用《鉴定要素细目表》的格式，以行为领域、鉴定范围和鉴定点的形式加以组织，列出了本等级下应考核的内容。考核重点分为理论知识和操作技能两个部分。其中，理论知识部分的主要内容是以知识点表示的鉴定点，操作技能部分的主要内容是以考核项目表示的鉴定点。

鉴定考核重点表中，每个鉴定点都有其重要程度指标，即表内鉴定点后标以“X”、“Y”、“Z”的内容。重要程度反映了该鉴定点在本职业（工种）中对相应技能人员所要求内容中的相对重要性水平。自然，重要的内容被选为考核试题的可能性就比较大。其中“X”表示核心要素，是考核中出现频率最高的内容；“Y”表示一般要素，是考核中出现频率一般的内容；“Z”表示辅助要素，是考核中出现频率较小的内容。

鉴定考核重点表中，每个鉴定范围都有其鉴定范围比重指标，它表示在一份试卷中该鉴定范围所占的分数比例。例如，某一鉴定范围的鉴定比重为10%，就表示在组成100分为满分的试卷时，题库在抽题组卷的过程中，将使属于此鉴定范围的试题在一份试卷中所占的分值尽可能等于10分。

理论知识鉴定考核重点表见表1-1，操作鉴定考核重点表见表1-2。

二、试卷结构

1. 理论知识试卷的结构

国家题库理论知识试卷，按鉴定考核用卷是否为标准化试卷划分为标准化试卷和非标准化试卷。维修电工（中级）知识试卷采用标准化试卷；非标准化试卷有三种组成形式。其具体的题型比例、题量和配分见表1-3～表1-6。

表 1-1 理论知识鉴定考核重点表

鉴定范围及鉴定比重									鉴定点		
一级			二级			三级					
代码	名称	鉴定比重（%）	代码	名称	鉴定比重（%）	代码	名称	鉴定比重（%）	序号	名称	重要程度
A	基本要求（44:19:02）	22	A	职业道德（11:02:00）	5	A	职业道德（11:02:00）	5	001	职业道德的基本内涵	X
									002	市场经济条件下，职业道德的功能	X
									003	企业文化的功能	X
									004	职业道德对增强企业凝聚力、竞争力的作用	X
									005	职业道德是人生事业成功的保证	Y
									006	文明礼貌的具体要求	X
									007	爱岗敬业的具体要求	X
									008	对诚实守信基本内涵的理解	X
									009	办事公道的具体要求	X
									010	勤劳节俭的现代意义	X
									011	企业员工遵纪守法的要求	X
									012	团结互助的基本要求	X
									013	创新的道德要求	Y
			B	基础知识（33:17:02）	17	A	电工基础知识（29:06:00）	9	001	电路的组成	X
									002	电流与电动势	X
									003	电压和电位	X
									004	电阻器	X
									005	欧姆定律	Y
									006	电阻的联结	X
									007	电功和电功率	X
									008	电容器	X
									009	一般电路的计算	X
									010	磁场、磁力线与电流的磁场	X
									011	磁场的基本物理量	X

（续）

鉴定范围及鉴定比重									鉴定点		
一级			二级			三级			序号	名称	重要程度
代码	名称	鉴定比重（%）	代码	名称	鉴定比重（%）	代码	名称	鉴定比重（%）			
A	基本要求（44:19:02）	22	B	基础知识（33:17:02）	17	A	电工基础知识（29:06:00）	9	012	磁场对电流的作用	X
									013	电磁感应	X
									014	正弦交流电路的基本概念	X
									015	单相正弦交流电路	X
									016	三相交流电路	X
									017	变压器的用途	X
									018	变压器的工作原理	X
									019	三相交流异步电动机的工作原理	X
									020	低压断路器及开关	X
									021	半导体二极管	X
									022	半导体晶体管的放大条件	X
									023	单管基本放大电路	X
									024	稳压电路及集成开关	X
									025	电气图的分类	X
									026	读图的基本步骤	X
									027	定子绕组串电阻减压起动	Y
									028	星-角自动减压起动控制电路	X
									029	双互锁正反转控制电路	Y
									030	卡尺的使用	X
									031	电流表的使用	X
									032	电压表的使用	Y
									033	万用表正确使用	X
									034	常用绝缘材料	Y
									035	合理运用电气设备	Y

（续）

鉴定范围及鉴定比重									鉴定点		
一级			二级			三级					
代码	名称	鉴定比重（%）	代码	名称	鉴定比重（%）	代码	名称	鉴定比重（%）	序号	名称	重要程度
A	基本要求（44:19:02）	22	B	基础知识（33:17:02）	17	B	钳工基础知识（00:03:00）	1	001	锉削方法	Y
									002	钻孔知识	Y
									003	螺纹加工	Y
						C	安全文明生产与环境保护知识（04:02:02）	4	001	触电的概念	X
									002	常见的触电形式	X
									003	安全用电技术措施	X
									004	安全生产规章制度	X
									005	环境污染的概念	Y
									006	电磁污染源的分类	Y
									007	噪音的危害	Z
									008	声音传播的控制途径	Z
						D	质量管理知识（00:02:00）	1	001	质量管理的内容	Y
									002	岗位质量要求	Y
						E	相关法律、法规知识（00:04:00）	2	001	劳动者的权利	Y
									002	劳动者的义务	Y
									003	劳动合同的解除	Y
									004	劳动安全卫生制度	Y
B	相关知识（125:36:00）	78	A	工作前准备（17:18:00）	18	A	工具、量具及仪器（02:08:00）	6	001	套筒扳手的正确使用	Y
									002	喷灯的用途	Y
									003	喷灯的种类	Y
									004	喷灯的正确使用	Y
									005	喷灯火焰和带电体之间安全距离	Y
									006	喷灯的加压注意事项	Y
									007	短路探测器的使用	X
									008	断条侦察器的使用	X
									009	千分尺的使用	Y
									010	塞尺的使用	Y

（续）

鉴定范围及鉴定比重									鉴定点		
一级			二级			三级			序号	名称	重要程度
代码	名称	鉴定比重（%）	代码	名称	鉴定比重（%）	代码	名称	鉴定比重（%）			
B	相关知识（125:36:00）	78	A	工作前准备（17:18:00）	18	B	读图与分析（15:10:00）	12	001	万能铣床主轴的起动	X
									002	万能铣床主轴的停止	X
									003	万能铣床升降台的上下运动	X
									004	万能铣床工作台的左右运动	X
									005	万能铣床工作台的向后、向上运动	Y
									006	万能铣床工作台的向前、向下运动	X
									007	万能铣床工作台的进给冲动	X
									008	万能铣床工作台的快速行程控制	Y
									009	万能铣床工作台主轴上刀制动	Y
									010	万能铣床工作台冷却泵、照明的控制	Y
									011	万能磨床冷却泵电动机的控制	Y
									012	万能磨床内外磨砂轮电动机的控制	Y
									013	万能磨床工件电动机控制回路组成	Y
									014	万能磨床工件电动机的几种状态	Y
									015	万能磨床自动循环电路	Y
									016	万能磨床晶闸管直流调速系统组成	Y
									017	万能磨床调速系统的主回路	X

（续）

鉴定范围及鉴定比重									鉴定点		
一级			二级			三级					
代码	名称	鉴定比重（%）	代码	名称	鉴定比重（%）	代码	名称	鉴定比重（%）	序号	名称	重要程度
B	相关知识（125:36:00）	78	A	工作前准备（17:18:00）	18	B	读图与分析（15:10:00）	12	018	万能磨床调速系统控制回路的基本环节	X
									019	万能磨床调速系统控制回路的辅助环节	X
									020	万能磨床调速系统中电压微分负反馈环节	X
									021	万能磨床调速系统控制回路的辅助环节	X
									022	万能磨床调速系统同步信号输入环节	X
									023	万能磨床调速系统控制回路电源部分	X
									024	电气原理图的绘制	X
									025	电气原理图的分析	X
			B	装调与维修（108:18:00）	60	A	电气故障检修（31:12:00）	21	001	直流电动机不能起动的原因	X
									002	直流电动机转速不正常的原因	X
									003	直流电动机电刷下火花过大的原因	Y
									004	直流电动机温升过高的原因	Y
									005	直流电动机轴承发热的原因	X
									006	直流电动机漏电的原因	Y
									007	直流电动机电枢绕组开路故障	Y
									008	直流电动机电枢绕组短路故障	X
									009	直流电动机电枢绕组对地短路故障	X

（续）

鉴定范围及鉴定比重									鉴定点		
一级			二级			三级					
代码	名称	鉴定比重（%）	代码	名称	鉴定比重（%）	代码	名称	鉴定比重（%）	序号	名称	重要程度
B	相关知识（125∶36∶00）	78	B	装调与维修（108∶18∶00）	60	A	电气故障检修（31∶12∶00）	21	010	直流电动机换向器的修理	X
									011	直流电动机电刷的修理	Y
									012	直流电动机滚动轴承的修理	X
									013	直流电动机修理后的试验	X
									014	伺服电动机的使用	Y
									015	无换向器电动机的常见故障	Y
									016	电磁调速电动机的常见故障	X
									017	交磁电动机扩大机的拆装	X
									018	交磁电动机扩大机补偿度的调整	X
									019	交磁电动机扩大机的常见故障	X
									020	万能铣床不起动故障的检修	Y
									021	万能铣床主轴停车无制动故障的检修	Y
									022	万能铣床进给电动机不能起动故障的检修	Y
									023	万能铣床工作台不能快速进给故障的检修	Y
									024	磨床液压泵电路的检修	X
									025	磨床控制回路检修	X
									026	工件触发电路故障的检修	X
									027	晶闸管简易测试	X

（续）

鉴定范围及鉴定比重									鉴定点		
一级			二级			三级					
代码	名称	鉴定比重（%）	代码	名称	鉴定比重（%）	代码	名称	鉴定比重（%）	序号	名称	重要程度
B	相关知识（125:36:00）	78	B	装调与维修（108:18:00）	60	A	电气故障检修（31:12:00）	21	028	调速电路中，工件电动机不转的原因	X
									029	兆欧表的使用	X
									030	钳形电流表的使用	X
									031	数字式万用表的使用	X
									032	功率表的使用	X
									033	示波器的使用	X
									034	电桥的使用	X
									035	晶体管图示仪的使用	X
									036	直流电动机的构造	Y
									037	直流电动机的电枢绕组	X
									038	测速发电机的构造	X
									039	测速发电机的应用	X
									040	单相半波可控整流电路	X
									041	单相桥式全控整流电路	X
									042	双向晶闸管的使用	X
									043	晶闸管的过电流保护	X
						B	配线与安装（38:06:00）	22	001	万能铣床电动机使用导线的选择	X
									002	万能铣床控制回路所用导线的选择	X
									003	万能铣床电气控制板制作前的检测	X
									004	万能铣床电气控制板检测用工具	X
									005	万能铣床电气控制板的制作	X
									006	万能铣床配电箱控制板的制作	X
									007	万能铣床线路敷线	X

（续）

鉴定范围及鉴定比重									鉴定点		
一级			二级			三级			序号	名称	重要程度
代码	名称	鉴定比重（%）	代码	名称	鉴定比重（%）	代码	名称	鉴定比重（%）			
B	相关知识（125:36:00）	78	B	装调与维修（108:18:00）	60	B	配线与安装（38:06:00）	22	008	万能铣床导线连接的要求	X
									009	万能铣床电动机的安装	X
									010	万能铣床限位开关的安装	X
									011	万能铣床配电箱门的安装	X
									012	万能铣床端子的接线步骤	X
									013	万能铣床端子的接线要求	X
									014	桥式起重机安装前的检查	X
									015	桥式起重机安装前检查所用仪表	X
									016	桥式起重机安装用辅助材料	Y
									017	桥式起重机轨道的连接	Y
									018	桥式起重机接地体的制作	X
									019	桥式起重机接地体的安装	X
									020	桥式起重机接地体所用材料	X
									021	桥式起重机接地体的接地电阻值	X
									022	桥式起重机供电导管的安装	X
									023	桥式起重机供电导管的调整	X
									024	桥式起重机安全供电滑轨线的电源接入	X

（续）

鉴定范围及鉴定比重									鉴定点		
一级			二级			三级			序号	名称	重要程度
代码	名称	鉴定比重（%）	代码	名称	鉴定比重（%）	代码	名称	鉴定比重（%）			
B	相关知识（125:36:00）	78	B	装调与维修（108:18:00）	60	B	配线与安装（38:06:00）	22	025	桥式起重机限位开关的安装	X
									026	桥式起重机照明电路的安装 1	X
									027	桥式起重机照明电路的安装 2	X
									028	桥式起重机电线管路的安装	X
									029	桥式起重机连接线的敷设	X
									030	桥式起重机操纵室的配线	Y
									031	桥式起重机线束的保护	Y
									032	桥式起重机移动小车的组成	Y
									033	桥式起重机供、馈电线路的安装要求	Y
									034	桥式起重机供、馈电线路的安装步骤	X
									035	绕线转子异步电动机转子回路导线截面的选择	X
									036	反复短时工作制用电设备导线的允许电流	X
									037	短时工作制用电设备导线的允许电流	X
									038	线管类型的选择	X
									039	线管直径的选择	X
									040	导线共管敷设原则	X
									041	对晶闸管调速电路的要求	X
									042	晶闸管调速电路的主回路	X

（续）

鉴定范围及鉴定比重									鉴定点		
一级			二级			三级			序号	名称	重要程度
代码	名称	鉴定比重（%）	代码	名称	鉴定比重（%）	代码	名称	鉴定比重（%）			
B	相关知识（125:36:00）	78	B	装调与维修（108:18:00）	60	B	配线与安装（38:06:00）	22	043	晶闸管调速电路的电压负反馈环节	X
									044	晶闸管调速电路的电流截止反馈环节	X
						C	调试（33:00:00）	14	001	万能铣床调试前的准备	X
									002	万能铣床主轴的起动	X
									003	万能铣床主轴的制动	X
									004	万能铣床主轴电动机冲动控制	X
									005	万能铣床主轴上刀制动	X
									006	万能铣床工作台上下、前后移动的调试	X
									007	万能铣床工作台左右移动的调试	X
									008	万能铣床工作台进给变速时的冲动调试	X
									009	万能铣床工作台快速移动的调试	X
									010	万能铣床主轴停止时快速进给的调试	X
									011	万能铣床圆工作台回转运动的调试	X
									012	万能磨床的试车调试	X
									013	万能磨床电动机空载通电调试	X
									014	万能磨床电流截止负反馈电路的调整	X
									015	万能磨床电动机转速稳定的调整	X
									016	万能磨床触发电路中电容器的选择	X

（续）

鉴定范围及鉴定比重									鉴定点		
一级			二级			三级			序号	名称	重要程度
代码	名称	鉴定比重（%）	代码	名称	鉴定比重（%）	代码	名称	鉴定比重（%）			
B	相关知识（125:36:00）	78	B	装调与维修（108:18:00）	60	C	调试（33:00:00）	14	017	万能磨床触发电路中放电电阻的选择	X
									018	万能磨床触发电路中温度补偿电阻的选择	X
									019	桥式起重机绝缘检查	X
									020	桥式起重机过电流继电器电流值的整定	X
									021	桥式起重机小车运行电动机定子回路测试	X
									022	桥式起重机小车运行电动机转子回路测试	X
									023	桥式起重机零位起动校验	X
									024	桥式起重机保护功能校验	X
									025	桥式起重机主钩上升控制的通电调试	X
									026	桥式起重机主钩上升控制的最后调试	X
									027	桥式起重机主钩下降控制的调试	X
									028	桥式起重机电动机主钩下降控制	X
									029	桥式起重机吊钩加载试车	X
									030	较复杂机械电气设备控制电路调试前准备	X
									031	较复杂机械电气设备控制电路调试原则	X
									032	电气设备控制电路的开环调试	X
									033	电气设备控制电路的闭环调试	X

（续）

鉴定范围及鉴定比重									鉴定点		
一级			二级			三级					
代码	名称	鉴定比重（%）	代码	名称	鉴定比重（%）	代码	名称	鉴定比重（%）	序号	名称	重要程度
B	相关知识（125:36:00）	78	B	装调与维修（108:18:00）	60	D	绘制（06:00:00）	3	001	测绘安装接线图	X
									002	测绘主线路图	X
									003	测绘控制电路图	X
D]									004	测绘前的准备	X
									005	电气测绘的一般要求	X
									006	电气测绘注意的事项	X

表 1-2　操作技能鉴定考核重点表

行为领域	鉴定范围			鉴定点		
	代码	名称	鉴定比重（%）	代码	名称	重要程度
操作技能	A	设计、安装与调试	40	01	用软线进行较复杂继电—接触式基本控制电路的安装与调试	X
				02	用硬线进行较复杂继电—接触式基本控制电路的安装与调试	X
				03	用软线进行较复杂机床部分主要控制电路的安装与调试	X
				04	较复杂继电—接触式控制电路的设计、安装与调试	X
				05	较复杂分立元件模拟电子电路的安装与调试	X
				06	较复杂带集成电路模拟电子电路的安装与调试	X
				07	带晶闸管的电子线路的安装与调试	Y
				08	按工艺规程，进行55kW以上交流异步电动机的拆装、接线和一般调试	Y
				09	按工艺规程进行中、小型多速异步电动机的拆装、接线和一般调试	Y
				10	按工艺规程进行60kW以下的直流电动机的拆装、接线和一般调试	Y
				11	按工艺规程进行55kW以上异步电动机安装、接线及试验	Y

（续）

行为领域	鉴定范围			鉴定点		
	代码	名称	鉴定比重（%）	代码	名称	重要程度
操作技能	A	设计、安装与调试	40	12	按工艺规程进行中、小型多速异步电动机安装、接线及试验	Y
				13	按工艺规程进行 60kW 以下的直流电动机的拆装、接线及试验	Y
	B	故障检修	40	01	检修较复杂机床的电气控制电路	X
				02	检修较复杂机床的模拟电气控制电路	X
				03	检修较复杂继电—接触式基本控制电路	X
				04	检修较复杂电子线路	X
				05	检修 55kW 以上异步电动机	Y
				06	检修中、小型多速异步电动机	Y
				07	检修 60kW 以下直流电动机	Y
				08	检修电焊机	Y
	C	仪器、仪表使用与维护	10	01	功率表的选择、使用及维护	X
				02	直流电臂电桥的使用及维护	X
				03	直流双臂电桥的使用及维护	X
				04	接地电阻测量仪的使用及维护	Y
				05	普通示波器的使用及维护	X
现场评分	D	文明生产	10	01	正确遵守各种安全规程	X

表 1-3　标准化理论知识试卷的题型、题量与配分方案

题型	鉴定工种等级			分数	
	初级工	中级工	高级工	初、中级	高级
选择	60 题（1 分/题）			60 分	
判断	20 题（2 分/题）		20 题（1 分/题）	40 分	20 分
简答/计算	无		4 题（5 分/题）	0 分	20 分
总分	100 分（80/84 题）				

中级维修电工标准化理论知识试卷还采用了 100 题型、200 题型两种。

表 1-4　非标准化理论知识试卷的题型、题量与配分方案（一）

题　型	鉴定工种等级			分　数	
	初级工	中级工	高级工	初、中级	高级
填空	10 题（2 分/题）			20 分	
选择	20 题（2 分/题）			40 分	
判断	10 题（2 分/题）		10 题（1 分/题）	20 分	10 分
简答/计算	共 4 题（5 分/题）			20 分	
论述/绘图	（无）		1 题（10 分/题）	0 分	10 分
总分	100 分（44/45 题）				

表 1-5　非标准化理论知识试卷的题型、题量与配分方案（二）

题　型	鉴定工种等级			分　数	
	初级工	中级工	高级工	初、中级	高级
填空	10 题（2 分/题）			20 分	
选择	20 题（2 分/题）		20 题(1.5 分/题)	40 分	30 分
判断	20 题（1 分/题）			20 分	
简答/计算	共 4 题（5 分/题）			20 分	
论述/绘图	（无）		1 题（10 分/题）	0 分	10 分
总分	100 分（54/55 题）				

表 1-6　非标准化理论知识试卷的题型、题量与配分方案（三）

题　型	鉴定工种等级			分　数	
	初级工	中级工	高级工	初、中级	高级
填空	15 题（2 分/题）			30 分	
选择	20 题（1.5 分/题）		20 题（1 分/题）	30 分	20 分
判断	20 题（1 分/题）			20 分	
简答/计算	共 4 题（5 分/题）			20 分	
论述/绘图	（无）		1 题（10 分/题）	0 分	10 分
总分	100 分（59/60 题）				

2. 操作技能试卷的结构

操作技能试卷的结构见表 1-7。

表 1-7　维修电工操作技能考核内容层次结构表

考核模块 级别	操作技能					综合工作能力		
	基本技能	设计、安装和调试	故障检修	仪表、仪器的使用与维护	安全文明生产	培训指导	工艺计划答辩	论文答辩
初级	（10 分） 10 ~ 60min	（30 分） 100 ~ 240min	（40 分） 45 ~ 240min	（10 分） 10 ~ 30min	（10 分）			
中级		（40 分） 100 ~ 240min	（40 分） 45 ~ 240min	（10 分） 10 ~ 30min	（10 分）			
高级		（40 分） 100 ~ 240min	（40 分） 60 ~ 240min	（10 分） 20 ~ 30min		（10 分） 10 ~ 45min		
技师		（30 分） 60 ~ 480min				（20 分） 10 ~ 45min	（10 分） 10min	（40 分） 30min
高级技师		（30 分） 60 ~ 480min				（20 分） 10 ~ 45min	（10 分） 10min	（40 分） 30min
否定项	无	无	初、中、高级为否定项		有否定项的内容		无	否定项
考核项目组合及方式	选一项	选一项	选一项	选一项	必考项	选一项	选一项	必考项

国家题库操作技能试卷采用由“准备通知单”、“试卷正文”和“评分记录表”三部分组成的基本结构，分别供考场、考生和考评员使用。

（1）准备通知单　包括材料准备，设备准备，工具、量具、刃具、卡具等考场准备（标准、名称、规格、数量）要求。

（2）试卷正文　包含需要说明的问题和要求、试题内容、总时间与各个试题的时间分配要求、考评人数、评分规则与评分方法等。

（3）评分记录表　包含具体的评分标准和评分记录表。

第二部分

基础理论考试指导

一、职业道德

1. 掌握职业道德的基础知识
2. 掌握职业道德具体要求

知识点1：职业道德的基本内涵

重点内容：职业道德是指人们在特定的职业活动中应遵循的行为规范的总和，涵盖了从业人员的服务对象、职业与职工、职业与职业之间的关系。

知识点2：市场经济条件下职业道德的功能

重点内容：职业道德在市场经济条件下的功能和作用日益体现出来，表现在：

1）调节职业交往中从业人员内部以及从业人员与服务对象间的关系。职业道德的基本职能是调节职能。

2）有助于维护和提高本行业的信誉。

3）促进本行业的发展。责任心是最重要的，而职业道德水平高的从业人员责任心是极强的，因此职业道德能促进本行业的发展。

4）有助于提高全社会的道德水平。

知识点3：企业文化的功能

重点内容：企业文化贯穿于企业生产经营过程的始终，对社会的进步、企业的发展和企业职工积极性、主动性和创造性的发挥都具有重要的功能。具体内容是：自律功能、导向功能、整合功能、激励功能。

知识点 4：职业道德对增强企业凝聚力、竞争力的作用

重点内容：职业道德通过协调职工之间的关系、职工与领导之间的关系、职工与企业之间的关系，起着增强企业凝聚力的作用。职业道德可以提高企业的竞争力，原因在于：

1）职业道德有利于企业提高产品和服务质量。

2）职业道德可以降低产品成本，提高劳动生产率和经济效益。

3）职业道德可以促进企业技术进步。

4）职业道德有利于企业根据良好形象，创造企业名牌。

知识点 5：职业道德是人生事业成功的保证

重点内容：职业道德是人生事业成功的保证体现在以下几个方面：

1）没有职业道德的人干不好任何工作。

2）职业道德是人事业成功的重要性条件。

3）每一个成功的人往往都有较高的职业道德。

知识点 6：文明礼貌的具体要求

重点内容：文明礼貌的具体要求有：

1）仪表端庄。仪表端庄是指一定职业从业人员的外表要端正庄重。

2）语言规范。

3）举止得体。举止得体是指从业人员在职业活动中行为、动作要适当，不要有过多或出格的行为。

4）待人热情。待人热情是指上岗职工在接待服务对象时要有热烈的情感。

知识点 7：爱岗敬业的具体要求

重点内容：爱岗敬业的具体要求有：

1）树立职业理想。

2）强化职业责任。

3）提高职业技能。职业技能也称职业能力。

知识点 8：对诚实守信基本内涵的理解

重点内容：作为一种职业道德规范，诚实守信就是指真实无欺，遵守承诺和契约的品德和行为。无论是对企业还是对个人而言，诚实守信都是职业道德的重中之重，是职业道德的根本所在。

知识点9：办事公道的具体要求

重点内容：办事公道是在爱岗敬业、诚实守信基础上提出的更高层次的职业道德要求，是指从业者在办理事务、处理问题时，应站在公平、公正的立场上，用同一标准和原则进行工作的职业道德规范。其具体要求是：坚持真理、公私分明、公平公正、光明磊落。

知识点10：勤劳节俭的现代意义

重点内容：节俭的现代意义则是“俭而有度，合理消费”。合理的消费必须是物质需求和精神需求的和谐统一。

首先，现代化的进程有赖于经济效率的提高和经济增长方式的集约化，这两者都离不开节俭的精神，都把勤劳、节俭的伦理精神作为动力。

其次，现代化的进程把生产资源的节约问题尖锐地提上日程。

知识点11：企业员工遵纪守法的要求

重点内容：遵纪守法是指每个从业人员都要遵守纪律和法律，尤其是遵守职业纪律与职业活动相关的法律法规。企业员工遵纪守法的要求有：

1）要了解与自己所从事职业相关的岗位规范、职业纪律和法律法规。

2）要严格要求自己，在实践中养成遵纪守法的良好习惯。

3）要敢于同违法违纪现象和不正之风作斗争。

知识点12：团结互助的基本要求

重点内容：团结互助是处理从业人员之间和职工集体之间关系的重要道德规范，是社会主义、集体主义的具体体现。团结互助可以营造和谐的人际氛围，可以增强企业凝聚力。基本要求有：平等尊重、顾全大局、互相学习、加强协作。

知识点13：创新的道德要求

重点内容：开拓创新的道德要求有：

1）开拓创新要有创新的意识，这是创新活动的源泉和动力。

2）开拓创新需要运用现代科学的思维方式。

3）开拓创新要有坚定的信心和意志。

二、电工基础知识

1. 掌握电工的基础知识
2. 掌握电动机、变压器的基础知识

知识点1：电路的组成

重点内容：电流所经过的路径称为电路。电路的作用是实现能量的传输和转换、信号的传递和处理。一般电路由电源、负载和中间环节三个基本部分组成。重点掌握各部分的作用。

知识点2：电流与电动势

重点内容：

1）电荷的定向移动称为电流。电流的方向规定以正电荷移动的方向为电流的方向。

电流的大小取决于在一定时间内通过导体横截面的电荷量的多少，通常规定单位时间内通过导体横截面的电量称为电流。电流的单位是安培，简称安，用符号 A 表示，电流的单位还有 kA、mA 和 μA。

2）电动势。电动势是衡量电源将非电能转换为电能本领大小的物理量。在电源内部外力将单位正电荷从电源负极移到正极所做的功，称为电源的电动势。电动势的单位也是 V，其方向是由电源负极指向电源的正极。

知识点3：电压和电位

重点内容：电场中，电场力将单位正电荷从某点移到参考点所做的功，称为该点到参考点的电位。电位的符号用 φ 表示。参考点的电位等于零。电位常用单位有 V、kV、mV、μV。

参考点可以任意选定，符号用“⊥”表示。参考点改变时，电位将发生变化。

在电场中，任意两点之间的电位之差，称为电位差，又称为两点之间的电压。电位差（电压）也是衡量电场力做功本领大小的物理量。规定：电场力把单位正电荷从电场中 a 点移到 b 点所做的功称为 a、b 两点间的电压。电压的单位也是伏特，简称伏。

电压与电位的关系为：

1）某点的电位等于该点对参考点的电压，即 $\varphi_a = U_{ao}$。

2）两点之间的电压等于两点之间的电位差，即 $U_{ab} = \varphi_a - \varphi_b$。

参考点改变时，电位将发生变化，而两点之间的电压不变，即电压是个绝对量，电位是个相对量。

知识点 4：电阻器

重点内容： 导体对电流的阻碍作用称为电阻。电阻是反映导体对电流起阻碍作用大小的一个物理量。导体的电阻跟导体的长度成正比，跟导体的横截面积成反比，并与导体的材料有关。具有一定阻值、一定几何形状、一定技术性能的，在电路中起阻碍作用的元件叫电阻器。重点掌握电阻器的分类和主要技术指标。

知识点 5：欧姆定律

重点内容： 欧姆定律有两种形式：一是部分电路的欧姆定律和全电路的欧姆定律。

（1）部分电路的欧姆定律　在不含电源的部分电路中，流过电阻的电流 I 与电阻两端的电压 U 成正比，与电阻 R 成反比。

（2）全电路的欧姆定律　在闭合电路中，电流与电源的电动势成正比，与电路中的内电阻和外电阻之和成反比。

知识点 6：电阻的联结

重点内容：

（1）电阻的串联　两个或两个以上的电阻依次连接，中间无分支的电路，称为电阻的串联。电阻的串联电路具有以下特点：

1）电路中流过每个电阻的电流都相等。

2）电路两端的总电压等于各电阻两端电压之和。

3）电路的等效电阻（总电阻）等于各串联电阻之和。

4）电路中各电阻上的电压与各电阻的阻值成正比。

（2）电阻的并联　把两个或两个以上的电阻并列地连接在两点之间，使每一电阻两端都承受同一电压的连接方式称为电阻的并联。电阻并联具有如下特点：

1）电路中各电阻两端的电压相等，并且等于电路两端的电压。

2）电路的总电流等于各电阻中的电流之和。

3）电路的等效电阻（总电阻）的倒数等于各并联电阻的倒数之和。

4）在电阻并联电路中，各支路分配的电流与支路的电阻值成反比。

知识点 7：电功和电功率

重点内容：

（1）电功　电流所做的功称为电功。电功的表达式为

$$W = UIt = \frac{U^2}{R}t = I^2Rt$$

（2）电功率　电流单位时间内所做的功称为电功率。对于直流电路来说，电功率的表达式为

$$P = \frac{W}{t} = \frac{U^2}{R} = I^2R$$

式中　P——电功率，单位为 W；

W——电流所做的功，单位为 J；

t——通电时间，单位为 s；

U——电压，单位为 V；

I——电流，单位为 A。

知识点 8：电容器

重点内容： 储存电能的容器称为电容器。电容器任一极板上的带电量与两极板间电压的比值是一个常数，这一比值称为电容量，简称电容。电容量是衡量电容器储存电荷本领大小的物理量。电容量的单位除 F 外，还有 μF 和 pF。

电容器具有隔直流、通交流的作用。电容器按其结构可分为固定电容器、可变电容器和半可变电容器。

重点掌握电容器的主要参数和串并联等效电容。

知识点 9：一般电路的计算

重点内容： 重点掌握欧姆定律的应用及电位的计算等。

知识点 10：磁场、磁力线与电流的磁场

重点内容： 磁体周围存在着磁力作用的空间称为磁场。磁力是通过磁场这一特殊物质传递的，磁场具有力和能的性质。

为了描述磁场，用磁力线来形象地表示磁场。磁力线具有以下特征：

1）磁力线是互不交叉的闭合曲线，在磁体外部由 N 极指向 S 极，在磁体内部由 S 极指向 N 极。

2）磁力线上任意一点的切线方向，就是该点的磁场方向。

3）磁力线的疏密程度反映了磁场的强弱，磁力线越密表示磁场越强，越稀疏表示磁场越弱。

通电导体周围存在着磁场，电流磁场可以用安培定则判定。

知识点 11：磁场的基本物理量

重点内容：有关磁场的基本物理量有磁通、磁感应强度、磁导率和磁场强度等。

重点掌握磁场的基本物理量的概念、单位和应用。

知识点 12：磁场对电流的作用

重点内容：载流导体在磁场中所受的作用力称作电磁作用力，简称电磁力，用 $\boldsymbol{F}$ 表示。实验还证明，电磁力 $\boldsymbol{F}$ 的大小与导体电流大小成正比，与导体在磁场中有效长度及载流导体所在位置的磁感应强度成正比，即

$$\boldsymbol{F}=\boldsymbol{B}IL\sin\alpha$$

式中　$\boldsymbol{B}$——均匀磁场的磁感应强度，单位为 T；

I——导体中的电流，单位为 A；

L——导体在磁场中的有效长度，单位为 m；

$\boldsymbol{F}$——导体受到的电磁力，单位为 N；

α——直导体与磁感应强度方向夹角。

当导体垂直于磁感应强度的方向放置时，导体所受到的电磁力最大；平行放置时不受力；载流直导体在磁场中的受力方向可以用左手定则来判别。

知识点 13：电磁感应

重点内容：由于磁通变化而在导体或线圈中产生感应电动势的现象称为电磁感应。所以电磁感应的产生条件是：通过线圈回路的磁通必须发生变化。

重点掌握法拉第电磁感应定律和楞次定律。

知识点 14：正弦交流电路的基本概念

重点内容：凡大小和方向都随时间改变的电流（电压、电动势）称为交流电。大小和方向随时间按正弦规律变化的交流电称为正弦交流电，正弦交流电的三要素是：最大值、频率（周期和角频率）和初相位。

交流电的有效值是根据电流的热效应来规定的。相同时间内热效应与交流电等效的直流值称为这一交流电的有效值。

重点掌握正弦交流电的三要素的概念以及相位差的计算。

知识点 15：单相正弦交流电路

重点内容：掌握分析和计算单相正弦交流电路的方法。如纯电路的分析与计算、串联电路的分析与计算等。重点掌握功率的计算。

（1）平均功率　是指瞬时功率在一个周期内的平均值，用 P 表示。平均功率又称为有功功率，即

$$P = I^2R = UI\cos\varphi$$

式中　P——有功功率，单位为 W。

（2）无功功率　为了反映储能元件与电源之间进行能量交换的规模，把瞬时功率的最大值叫做电感元件上的无功功率，用符号 Q 表示。

总的无功功率等于电感和电容上的无功功率之差，即

$$Q = Q_L - Q_C$$

式中　Q——无功功率，单位为 var 和 kvar。

（3）视在功率　电路的总电压与总电流的有效值的乘积称为电路的视在功率，用 S 表示，即

$$S = UI = \sqrt{P^2 + Q^2}$$

式中　S——视在功率，单位为 V · A 和 kV · A。

有功功率为　$P = S\cos\varphi$

无功功率为　$Q = S\sin\varphi$

（4）功率因数　有功功率与视在功率的比值称为功率因数。

$$\cos\varphi = \frac{P}{S}$$

知识点 16：三相交流电路

重点内容：最大值相等、频率相同、相位互差 120°的三个正弦电动势称为对称三相电动势。

（1）三相电源的星形联结　有中性线的三相制叫做三相四线制，无中性线的三相制叫做三相三线制。电力系统中，一般都采用三相四线制方式供电。

线电压与相电压之间的关系为：

① 数量关系。线电压等于相电压的$\sqrt{3}$倍，即

$$U_{线} = \sqrt{3}U_{相}$$

② 相位关系。线电压超前对应的相电压 30°。

（2）三相电源的三角形联结　三相发电机一般不采用三角形联结而采用星形联结。

（3）三相负载的联结　三相负载的联结也有星形联结（Y）与三角形（△）联结两种。

1）三相负载的星形联结。将三相负载分别接到三相电源的相线和中性线之间的接法称为三相负载的星形联结（Y）。规定：

① 每相负载两端的电压称为负载的相电压，流过每相负载的电流称为负载的相电流。

② 流过相线的电流称为线电流，相线与相线之间的电压称为线电压。

③ 负载为星形联结时，负载相电压的参考方向与电源相电压的参考方向一致。线电流的参考方向为由电源端指向负载端。中性线电流的参考方向规定为由负载中性点指向电源中性点。

负载作星形联结时有以下特点：

① 负载端的相电压就等于电源的相电压，负载端的线电压就等于电源的线电压。线电压的相位仍超前对应的相电压30°，即

$$U_{\text{Y线}}=\sqrt{3}U_{\text{Y相}}$$

② 相电流与线电流相等，即

$$I_{\text{Y线}}=I_{\text{Y相}}$$

2）三相负载的三角形联结。把三相负载分别接在三相电源的每两根端线之间，就称为三相负载的三角形（△）联结。

负载作三角形联结时，有以下特点：

① 负载的相电压就是线电压，即

$$U_{\triangle\text{相}}=U_{\triangle\text{线}}$$

② 线电流为相电流的$\sqrt{3}$倍，并且线电流的相位滞后与其对应的相电流30°。

（4）三相电路的功率　一个三相电源发出的总有功功率等于电源每相发出的有功功率之和，一个三相负载的总有功功率等于每相负载的有功功率之和，即

$$\begin{aligned}P&=P_{\mathrm{U}}+P_{\mathrm{V}}+P_{\mathrm{W}}\\&=U_{\mathrm{U}}I_{\mathrm{U}}\cos\phi_{\mathrm{U}}+U_{\mathrm{V}}I_{\mathrm{V}}\cos\phi_{\mathrm{V}}+U_{\mathrm{W}}I_{\mathrm{W}}\cos\phi_{\mathrm{W}}\end{aligned}$$

在对称电路中，各相电压、相电流的有效值均相等，功率因数也相同，负载对称时，不论何种接法，求总功率的公式都是相同的，即

$$P=\sqrt{3}U_{\text{线}}\ I_{\text{线}}\ \cos\varphi$$

角φ是负载相电压与相电流之间的相位差，即负载的阻抗角，而不是线电压与线电流之间的相位差。

同理，可得到对称三相负载无功功率和视在功率的表达式

$$Q=3I_{\text{相}}\ U_{\text{相}}=\sqrt{3}\ U_{\text{线}}\ I_{\text{线}}\ \sin\varphi$$

$$S=\sqrt{P^2+Q^2}=\sqrt{3}\ U_{\text{线}}\ I_{\text{线}}=3U_{\text{相}}\ I_{\text{相}}$$

（5）中性线的作用　中性线的作用就在于使星形联结的不对称负载的相电压保持对称。所以在三相负载不对称的电压供电系统中，不允许在中性线上安装熔断器和开关，而且中性线常用钢丝制成，以免中性线断开发生事故。

知识点17：变压器的用途

重点内容：变压器的作用是改变交流电的电压、电流、相位和阻抗。但不能变换频率和直流量。

知识点 18：变压器的工作原理

重点内容：变压器是利用电磁感应原理制成的静止电气设备。变压器在传输电功率的过程中遵守能量守恒定律。

变压器的一次、二次电压与匝数成正比，一次、二次电流与匝数成反比，即

$$k=\frac{N_1}{N_2}=\frac{U_1}{U_2}=\frac{I_2}{I_1}$$

知识点 19：三相交流异步电动机的工作原理

重点内容：三相异步电动机的基本原理是：通电导体在磁场中受力。其工作原理是：对称三相定子绕组中通入三相正弦交流电，产生了旋转磁场，旋转磁场切割转子，便在转子中产生了感应电动势和感应电流。感应电流一旦产生，便受到旋转磁场的作用，形成电磁转矩，转子便沿着旋转磁场的转动方向转动起来，并且转子的转速小于旋转磁场的转速。电动机的转向是由接入三相绕组的电流相序决定的，只要调换电动机任意两相绕组所接的电源接线（相序），旋转磁场即反向旋转，电动机也随之反转。

知识点 20：低压断路器及开关

重点内容：低压断路器在正常情况下可用于不频繁接通和断开电路以及控制电动机的运行。当电路发生短路、过载和失电压等故障时，能自动切断故障电路，保护电路和电器设备。

断路器的选用原则如下：

1）断路器的工作电压大于等于线路或电动机的额定电压。

2）断路器的额定电流大于等于线路的实际工作电流。

3）热脱扣器的整定电流等于所控制的电动机或其他负载的额定电流。

4）电磁脱扣器的瞬时动作整定电流大于负载电路正常工作时可能出现的峰值电流。对单台电动机主电路电磁脱扣器额定电流 I_{NL} 可按下式选取：

$$I_{NL}\geqslant KI_{st}$$

式中　K——安全系数。对 DZ 型取 $K=1.7$，对 DW 型取 $K=1.35$；

I_{st}——电动机起动电流。

5）断路器欠电压脱扣器的额定电压等于线路额定电压。

知识点 21：半导体二极管

重点内容：按二极管制造工艺的不同，二极管可分为点接触型、面接触型和平面接触型三种。二极管的特点是：单向导电性。

二极管的主要参数有：最大整流电流 I_{FM}、最大反向工作电压 U_{RM} 和最大反

向电流 I_{RM}。

知识点 22：半导体晶体管的放大条件

重点内容：要使晶体管具有电流放大作用，必须在其发射结上加正向偏置电压，在集电结上加反向偏置电压。对于 NPN 型晶体管，C、B、E 三个电极的电位必须符合：$U_C > U_B > U_E$；对于 PNP 型晶体管，电源的极性与 NPN 型相反，应符合 $U_C < U_B < U_E$。

知识点 23：单管基本放大电路

重点内容：共发射极放大电路如图 2-1 所示。掌握共发射极放大电路中各元器件的作用。

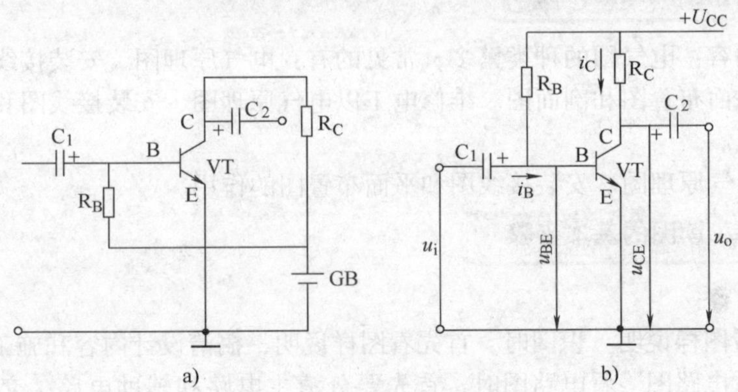

图 2-1　共发射极放大电路

a）单电源供电　b）习惯画法

放大电路还常常采用共集电极放大电路和共基极放大电路。几种放大电路的作用如下：

（1）共发射极放大电路　既有电压放大作用，又有电流放大作用。共发射极放大电路放大作用的实质是基极电流对集电极电流的控制作用。

（2）共集电极放大电路　没有电压放大作用，只有电流放大作用。

（3）共基极放大电路　有电压放大作用，没有电流放大作用。

知识点 24：稳压电路及集成开关

重点内容：

（1）硅稳压二极管　其稳压电路如图 2-2 所示。电阻 R 用来限制电流，使稳压二极管电流 I_Z 不超过允许值，另一方面还利用它两端电压升降使输出电压 U_L 趋于稳定。稳压二极管 VS 反并在直流电源两端，使它工作在反向击穿区。经电容滤波后的直流电压通过电阻器 R 和稳压二极管组成的稳压电路接到负载上，负载上得到的就是一个比较稳定的电压。掌握其工作原理。

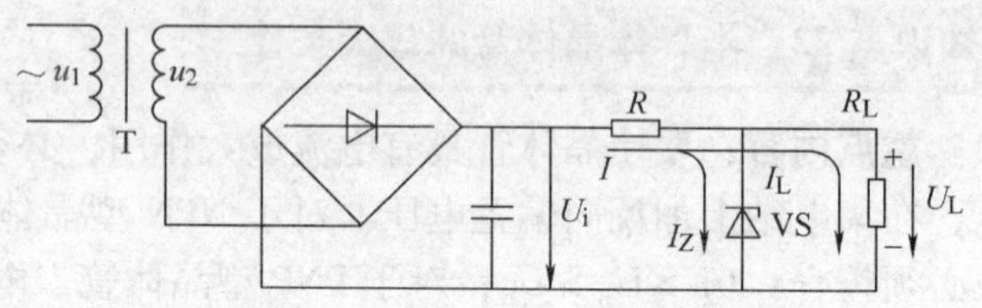

图 2-2　硅稳压二极管稳压电路

（2）三端稳压器　固定式三端稳压器有输入端、输出端和公共端三个引出端。此类稳压器属于串联调整式，除了基准、取样、比较放大和调整等环节外，还有较完整的保护电路。常用的 CW78××系列是正电压输出，CW79××系列是负电压输出。掌握其型号意义。

知识点 25：电气图的分类

重点内容：电气图的种类繁多，常见的有：电气原理图、安装接线图、展开接线图、平面布置图和剖面图。维修电工以电气原理图、安装接线图和平面布置图最为重要。

掌握电气原理图、安装接线图和平面布置图的作用。

知识点 26：读图的基本步骤

重点内容：

（1）看图样说明　识图时，首先看图样说明，搞清设计内容和施工要求。

（2）看电路图　看电路图时，首先要分清主电路和辅助电路，交流电路和直流电路。其次按照先看主电路，再看辅助电路的顺序识读。看主电路时，通常从下往上看，即从电气设备开始，经控制元件，顺次往电源看；看辅助电路时，则自上而下、从左向右看，即先看电源，再顺次看各条回路，分析各条回路元件的工作情况及其对主电路的控制关系。

（3）看安装接线图　看安装接线图时，要先看主电路，再看辅助电路。看主电路时，从电源引入端开始，顺次经控制元件和线路到用电设备；看辅助电路时，要从电源的一端到电源的另一端，按元件的顺序对每个回路进行分析研究。

知识点 27：定子绕组串联电阻减压起动

重点内容：定子绕组串联电阻减压起动是指在电动机起动时，把电阻串联在电动机定子绕组与电源之间，通过电阻的分压作用来降低定子绕组上的起动电压，待电动机起动后，再将电阻短接，使电动机在额定电压下正常进行。串联电阻减压起动的缺点是减小了电动机的起动转矩，同时起动时在电阻上功率消耗也较大。如果起动频繁，则电阻的温度很高，对精密的机床会产生一定的影响，故目前这种减压起动的方法在生产实际中的应用正在逐步减少。

知识点 28：Y-△自动降压起动控制电路

重点内容：三相笼型异步电动机的Y-△减压起动是指电动机起动时，把定子绕组接成Y形，以降低起动电压，限制起动电流。待电动机起动后，再把定子绕组改接成△联结，使电动机全压运行。

凡是在正常运行时定子绕组作△联结的异步电动机，均可采用这种减压起动方法。

电动机起动时接成Y联结，加在每相定子绕组上的起动电压只有△联结的 $1/\sqrt{3}$，起动电流为△联结的 1/3，起动转矩也只有△联结的 1/3。所以这种减压起动方法，只适用于轻载或空载下起动。

知识点 29：双互锁正反转控制电路

重点内容：双互锁是指按钮、接触器双重联锁。按钮、接触器双重联锁的正反转控制电路的优点是安全可靠，操作方便。

知识点 30：卡尺的使用

重点内容：游标卡尺是一种中等精度的量具，它可以直接测量出工件的内外尺寸和深度尺寸。

用游标卡尺测量尺寸前，应擦净量爪两测量面，将两测量面接触贴合，校准零位并用透光法检测两测量面的密合性，应密不透光，否则，应进行修理。

知识点 31：电流表的使用

重点内容：使用电流表时要做到以下几点：

1）选择电流表时要求其内阻小些好。

2）使用直流电流表测量电流时，除了使电流表与被测电路串联外，还要使电流从“+”端流入，“-”端流出。

3）测电流时，所选择的量程应使电流表指针指在刻度标尺的后 1/3 段。

4）测量交流大电流时，一般用电流互感器将一次侧的大电流转换成二次侧 5A 的小电流，然后再进行测量。

5）钳形电流表不必切断电路就可以测量电路中的电流。

知识点 32：电压表的使用

重点内容：使用电压表时应注意以下问题：

1）选择电压表时要求其内阻大些好。

2）使用直流电压表时，除了使电压表与被测电路两端并联外，还应使电压表的“+”极与被测电路的高电位端相连，“-”极与被测电路的低电位端相连。

3）交流电压表使用时不分“+”、“-”极性，其指示值是交流电压的有效值。

4）当无法确定被测电压的大约数值时，应先用电压表的最大量程测试后，再换成合适的量程。转换量程时，要先切断电源，再转换量程。

5）为安全起见，600V以上的交流电压，一般不直接接入电压表，而是通过电压互感器将一次侧的高电压变换成二次侧的100V后再进行测量。

知识点33：万用表正确使用

重点内容：使用万用表时要做到以下几点：

1）万用表使用之前要进行机械调零。

2）万用表测电流、测电压时的方法与电流表、电压表相同。

3）测量电阻前要先进行欧姆调零。

4）严禁在被测电阻带电的情况下用万用表的欧姆挡测量电阻。

5）用万用表测量电阻时，所选择的倍率挡应使指针处于表盘的中间段。

6）万用表使用后，最好将转换开关置于最高交流电压挡或空挡。

知识点34：常用绝缘材料

重点内容：常用的绝缘材料一般分为气体绝缘材料、液体绝缘材料和固体绝缘材料三种。

绝缘材料的耐热性是指绝缘材料及其制品承受高温而不致损坏的能力。绝缘材料的耐热性，按其长期正常工作所允许的最高温度，可分为Y、A、E、B、F、H、C七个级别。

重点掌握常用绝缘材料的型号、种类及应用。

知识点35：合理运用电气设备

重点内容：电动机是使用最普遍的电气设备之一，一般在70%～95%额定负载下运行时效率最高，功率因数大。在确定电动机的额定功率时，一般应比实际负载大10%～15%为宜，避免用大功率电动机拖动小功率设备（即“大马拉小车”）。电力变压器是工业企业不可缺少的供电设备，新型节能变压器的工作负载为满载的40%～50%时效率最高。

三、相关知识

1. 掌握钳工基础知识
2. 掌握安全文明生产与环境保护知识
3. 掌握质量管理及劳动法基础知识

鉴定范围一：钳工基础知识

知识点1：锉削方法

重点内容：锉削的方法如下：

（1）锉削速度　一般是40次/min左右，推进时较慢，回程时稍快，动作要自然协调。

（2）基本锉法　基本锉法有顺向锉、交叉锉和推锉等。

（3）锉削安全知识

1）没有装柄或柄已裂开的锉刀不可使用；锉刀不用时应放在台虎钳的右面，其柄不可露出钳台外。

2）不可将锉刀当作拆卸工具或锤子使用。

3）不能用嘴吹锉屑，也不能用手摸工件的表面。

知识点2：钻孔知识

重点内容：钻孔是利用钻头在工件出孔的工作。

（1）钻孔设备和工具

1）台式钻床：一般用来加工直径小于12mm的孔。

2）手电钻：手电钻通常用的是220V或36V的交流电源，为保证安全，在使用220V的电钻时，应带绝缘手套；在潮湿的环境中应采用36V的电钻。

3）钻头：直径13mm以下的一般都制成直柄式，直径13mm以上的一般都制成锥柄式。

4）钻夹头和钻头套：直柄式钻头用钻夹头夹持。

（2）钻孔操作方法　操作顺序为：划线冲眼→工件的夹持→钻削。

钻孔时要加注足够的切削液。钻铜、铝及铸铁件等材料时一般可不加；钻钢件时，可用废柴油或废机油代用。

（3）钻孔安全知识

1）操作钻床时不可戴手套，袖口要扎紧，必须戴工作帽。

2）钻孔前，要根据所需的钻削速度，调节好钻床的速度。调节时，必须断开钻床的电源开关。

3）不能用手和棉纱头或嘴吹来清除切屑，要用毛刷或棒钩清除，尽可能在停车时清除。

知识点3：螺纹加工

重点内容：用丝锥在孔中切削出内螺纹称为攻螺纹。

（1）攻螺纹的操作方法

1）攻螺纹前应确定底孔直径，底孔直径应比丝锥螺纹小径略大，还要根据工件材料性质来考虑，可用下列经验公式计算：

钢和塑性较大的材料： $D = d - t$

铸铁等脆性材料： $D = d - 1.05t$

式中 D——底孔直径，单位为mm；

d——螺纹大径，单位为mm；

t——螺距，单位为mm。

2）操作方法

① 划线，钻底孔，底孔孔口应倒角；通孔应两端倒角，便于丝锥切入，并可防止孔口的螺纹崩裂。

② 攻螺纹前工件夹持位置要正确，应尽可能把底孔中心线置于水平或垂直位置，便于攻螺纹时掌握丝锥是否垂直于工件。

③ 攻螺纹时必须按头锥、二锥、三锥顺序攻削至标准尺寸。换用丝锥时，先用手将丝锥旋入已攻出的螺孔中，待手转不动时，再装上铰杠攻螺纹。

④ 攻不通孔时，应在丝锥上作深度标记。攻螺纹时要经常退出丝锥，排除切屑。

⑤ 攻螺纹时要加注冷却润滑液。攻钢件时用机油，攻铸铁件时可加煤油。

（2）套螺纹　用板牙在圆杆上切削出外螺纹称为套螺纹。

1）套螺纹工具有板牙和板牙铰杠。

2）板牙的选用：圆柱体或圆柱管的外径要稍小于螺纹大径。外径D可用下列经验公式计算确定：

$$D \approx d - 0.13t$$

式中 D——圆柱体（或圆柱管）外径，单位为mm；

d——螺纹大径，单位为mm；

t——螺距，单位为mm。

3）套螺纹操作方法：

① 将圆柱体（或圆柱管）端部倒成15°~20°的锥体，且锥体的小端直径略小于螺纹小径，可避免套螺纹后的螺纹端部产生锋口和卷边。

② 工件用台虎钳夹持，套螺纹部分尽可能接近钳口，夹持必须牢固。

③ 起套时，用一手掌按住铰杠中部，沿工件的轴向施加压力；另一手配合做顺时针切进，转动要慢，压力要适当，要顺着旋转方向均匀地推扳手柄，并经

常倒转切削。

④ 在钢件上套螺纹时，要加切削液，以降低加工螺纹的表面粗糙度和延长板牙的寿命。一般可用机油或较浓的乳化液。

鉴定范围二：安全文明生产与环境保护知识

知识点1：触电的概念

重点内容：人体接触或接近带电体所引起的局部受伤或死亡的现象称为触电。按人体受伤的程度不同，触电可分为电击和电伤两种类型。

电击是由于电流流过人体内部造成的。其对人体伤害的程度由流过人体电流的频率、大小、时间长短、触电部位以及触电者的生理性质等情况而定。低频电流对人体的伤害大于高频电流，而电流流过心脏和中枢神经系统则最为危险。

通常，1mA 的工频电流通过人体时，就会使人有不舒服的感觉，10mA 电流人体尚可摆脱，称为摆脱电流，而在 50mA 的电流通过人体时，就有生命危险。当流过人体的电流达到 100mA 时，就足以使人死亡。当然在同样电流情况下，受电击的时间越长，后果越严重。

知识点2：常见的触电形式

重点内容：触电的形式大致归纳为以下三种形式：单相触电、两相触电、接触电压与跨步电压触电。接触电压与跨步电压的大小与接地电流的大小、土壤电阻率、设备接地电阻及人体位置等因素有关。

知识点3：安全用电技术措施

重点内容：常见的安全用电的技术措施有接地、接零、采用安全电压，另外，还有屏护、保证安全距离、保证电气设备绝缘以及电气防火和防爆等措施。

（1）接地　出于不同的目的，将电气装置中某一部位经接地线或接地体与大地作良好的电气连接称为接地。根据接地的目的不同，接地可分为工作接地和保护接地。

（2）保护接零

1）保护接零。保护接零就是将 TN 系统中电气设备平时不带电的外露可导电部分与电源的中性线 N 连接起来。此时的中性线称为保护中性线，代号为 PEN。

2）重复接地。在 TN 系统采用保护接零的同时，将中性线再次与大地相接，称为重复接地。重复接地可以降低漏电设备外壳的对地电压；减轻 PE 线或 PEN 线断线时的触电危险；还可以降低电网一相接地故障时，非故障相的对地电压；可以降低高压窜入低压时低压网络的对地电压；可以降低三相负荷不平衡时零线的对地电压；当零线断线时，在一定程度上起平衡各相电压的作用等。

（3）采用安全电压　安全电压的选用必须考虑用电场所和用电器具对安全的影响。机床照明、移动行灯、手持电动工具以及潮湿场所的用电设备，使用安全电压为36V。凡工作地点窄狭、工作人员活动困难，周围有大面积接地导体或金属构架，而存在高度危险的场所，都应采用12V安全电压。

知识点4：安全生产规章制度

重点内容：安全生产规章制度包括：

1）电气维修值班制度。电气设备维修值班一般应有2人以上。不论高压设备带电与否，维修值班人员不得单独移开或越过遮栏进行工作；若有必要移开遮栏，必须有监护人在场。

2）电气设备维修巡视制度。电气设备的维修巡视，一般均由2人进行。巡视高压设备时，不得进行其他工作，不得移开或越过遮栏。

雷雨天气需要巡视室外高压设备时，应穿绝缘靴，并不得靠近避雷器和避雷针。高压设备发生故障接地时，为预防跨步电压，室内不得接近故障点4m以内，室外不得接近故障点8m以内。

3）工作票制度。在电气设备上工作，应填用工作票或按命令执行，其方式有第一种工作票、第二种工作票、口头或电话命令三种。

4）工作许可制度。

5）工作监护制度。

6）临时线安全规程。临时线最长使用期限为7天，使用完毕应立即拆除。

7）电气设备维护保养制度。电气设备维护保养制度包括：维护保养对象、维护保养的工作内容和电气设备的维护保养周期等。

知识点5：环境污染的概念

重点内容：环境污染是指由于人类活动把大量有毒有害污染物质排入环境，这些物质在环境中积聚，使环境质量下降，以致危害人类及其他生物正常生存和发展的现象，如大气污染、水污染、噪声污染等。

与环境污染相关且并称的另一概念是公害。它是指由于环境污染和破坏，对多数人的健康、生命、财产及生活舒适性造成的公共性危害，如地面沉降、恶臭、电磁辐射和振动等。

与环境污染相近的另一概念是生态破坏。它是由于人类不合理地开发和利用自然环境和自然资源，致使生态系统的结构和功能遭到损坏，而威胁人类及其他生物正常生存和发展的现象，如森林破坏、草原退化、水土流失、土地沙漠化、水源枯竭等。

知识点6：电磁污染源的分类

重点内容：影响人类生活环境的电磁污染源，可分为自然的和人为的两大类。

（1）自然的电磁污染 自然的电磁污染源是由某些自然现象引起的。最常见的雷电，此外，如火山爆发、地震和太阳黑子活动引起的磁暴等都会产生电磁干扰。自然的电磁污染对短波通信的干扰特别严重。

（2）人为的电磁污染

1）脉冲放电。切断大电流电路时产生的火花放电，其瞬时电流很大，频率很高，会产生很强的电磁干扰。

2）电磁场。在大功率电机、变压器以及输电线附近的电磁场，并不以电磁波形式向外辐射，但在近场区会产生严重的电磁干扰。

3）射频电磁辐射。射频电磁辐射主要是热效应，即机体把吸收的射频能转换为热能，形成由于过热而引起的损伤。射频辐射也有非致热作用。

知识点7：噪声的危害

重点内容：噪声可分为气体动力噪声、机械噪声和电磁噪声。电器元件在交变磁场的作用下受迫振动，牵连周围空气质点也随之做同频率的振动，振动传播开去，便产生了声音，称为电磁噪声。变压器、发电机发出的嗡嗡声，收音机发出的交流声等，均为电磁噪声。

电磁噪声污染对人类生存环境的影响有以下几个方面：损伤听力、影响睡眠、影响情绪。另外对儿童和胎儿也有影响。

知识点8：声音传播的控制途径

重点内容：对噪声进行控制，就必须从控制声源（降低噪声源本身辐射的功率）、控制传播途径（中断和改变传播途径使声能变成热能）以及加强个人防护这三方面入手。

对声音传播途径进行控制的方法有吸声、隔声、消声等。

鉴定范围三：质量管理知识

知识点1：质量管理的内容

重点内容：质量管理是企业为保证和提高产品、技术或服务的质量达到满足市场和客户的需求，所进行的质量调查，确定质量目标、计划、组织、控制、协调和信息反馈等一系列的经营管理活动。质量管理从企业的整体上来说，包括制订企业的质量方针、质量目标、工作程序、操作规程、管理标准，以及确定内部、外部的质量保证和质量控制的组织机构、组织实施等活动。对每个职工来说，质量管理的主要内容有岗位的质量要求、质量目标、质量保证措施和质量责任等。质量管理是企业经营管理的一个重要内容，是关系到企业生存和发展的重要问题，也可以说是企业的生命线。

知识点 2：岗位质量要求

重点内容：岗位的质量要求是企业根据对产品、技术或服务最终的质量要求和本身的条件，对各个岗位质量工作提出的具体要求。这一般都体现在各岗位的作业指导书或工作规程中，包括操作程序、工作内容、工艺规程、参数控制、工序的质量指标，各项质量记录等。岗位的质量要求，是每个职工都必须做到的最基本的岗位工作职责。

鉴定范围四：相关法律法规知识

知识点 1：劳动者的权利

重点内容：劳动法中明确规定了劳动者的基本权利：

1）平等就业和选择职业的权利。

2）获得劳动报酬的权利。

3）休息和休假的权利。

4）在劳动中获得劳动安全和劳动卫生保护的权利。

5）接受职业技能培训的权利。

6）享有社会保险和福利的权利。

7）提请劳动争议处理的权利。

8）法律、法规规定的其他劳动权利。

知识点 2：劳动者的义务

重点内容：劳动者的基本义务如下：

1）完成劳动任务。

2）提高职业技能。

3）执行劳动安全卫生规程。

4）遵守劳动纪律和职业道德。

知识点 3：劳动合同的解除

重点内容：劳动合同的解除是指劳动合同期限未满以前，由于出现某种情况，导致当事人双方提前终止劳动合同的法律效力，解除双方的权利和义务关系。劳动合同的解除必须遵守劳动法的规定。

（1）劳动者解除劳动合同　劳动者解除劳动合同，应当提前30日以书面形式通知用人单位。

（2）用人单位解除劳动合同　应当提前30日以书面形式通知劳动者本人。

（3）用人单位不得解除劳动合同的情形：

1）劳动者患职业病或者因工负伤被确认丧失或者部分丧失劳动能力的。

2）劳动者患病或者负伤，在规定的医疗期内的。

3）女职工在孕期、产期、哺乳期内的。

4）法律法规规定的其他情形。

知识点4：劳动安全卫生制度

重点内容：劳动安全卫生管理制度的主要内容如下：

1）安全生产责任制度。

2）劳动安全技术措施计划制度。

3）劳动安全卫生教育制度。

4）劳动安全卫生检查制度。

5）特种作业人员的专门培训和资格审查制度。

6）劳动防护用品管理制度。

7）职业危险作业劳动者的健康检查制度。

8）职工伤亡事故和职业病统计报告处理制度。

9）劳动安全监察制度。

第三部分

专业理论考试指导

一、工作前准备

1. 掌握工具、量具及仪器知识
2. 掌握读图和绘图知识
3. 掌握 X6132 型万能铣床和 MGB1420 型万能磨床的电气原理

鉴定范围一：工具、量具及仪器

知识点 1：套筒扳手的正确使用

重点内容： 套筒扳手是用来拧紧或旋松有沉孔螺母的工具，由套筒和手柄两部分组成。套筒需配合螺母的规格选用。

知识点 2：喷灯的用途和种类

重点内容： 喷灯是一种利用喷射火焰对工件进行加热的工具，常用来焊接铅包电缆的铅包层、大截面铜导线连接处的搪锡以及其他连接表面的防氧化镀锡等。喷灯火焰温度可达 900℃以上。常用的喷灯有燃油喷灯和燃气喷灯两种。燃油喷灯又分为煤油喷灯和汽油喷灯。

知识点 3：喷灯的正确使用

重点内容： 燃油喷灯的使用方法

（1）加油　旋下加油阀下面的螺栓，倒入适量油液，测量以不超过筒体的 3/4 为宜。保留一部分空间的目的在于储存压缩空气，以维持必要的空气压力。加完油后应及时旋紧加油螺塞，关闭放油调节阀的阀杆，擦净撒在外部的油液，并认真检查是否有渗漏现象。

（2）预热　先在预热燃烧盘内注入适量汽油，用火点燃，将火焰喷头烧热。

（3）喷火　当火焰喷头烧热后，并在燃烧盘内燃汽油燃完之前，用打气阀打气3~5次，然后再慢慢打开放油调节阀的阀杆，喷出油雾，喷灯即点燃喷火。随后继续打气，直到火焰正常为止。

（4）熄火　先关闭放油调节阀，直至火焰熄灭，再慢慢旋松加油螺塞，放出筒体内的压缩空气。

（5）使用完毕，应将剩余的燃料油倒出回收，并将喷灯污物擦除后，妥善保管。

知识点4：喷灯火焰和带电体之间安全距离

重点内容：喷灯火焰和带电体之间的安全距离规定　距离规定如下：喷灯工作时应注意火焰与带电体之间的安全距离，距离10kV以下带电体应大于1.5m；距离10kV以上带电体应大于3m。

知识点5：喷灯的加压注意事项

重点内容：喷灯加压时应注意的问题

1）喷灯在加、放油及检修过程中，均应在熄火后进行。加油时应将油阀上螺栓先慢慢放松，待气体放尽后方开盖加油。

2）煤油喷灯筒体内不得掺加汽油。

3）喷灯使用过程中应注意筒体的油量，一般不得少于筒体容积的1/4。

4）打气压力不应过高。打完气后，应将打气柄卡牢在泵盖上。

知识点6：短路探测器的使用

重点内容：短路探测器是一种开口的变压器，它有一个开口的铁心，铁心上绕有线圈。使用时，首先通入交流电，将探测器放在被测电动机定子铁心槽口，此时探测器的铁心与被测电动机的定子铁心构成磁回路，组成一只变压器。探测器的线圈相当于变压器的一次绕组，槽内的线圈相当于二次绕组。若被测线圈没有匝间短路，则相当于变压器二次侧开路，电流表读数很小；若被测线圈匝间短路，则相当于变压器二次侧短路，电流表读数明显增大。

知识点7：断条侦察器的使用

重点内容：断条侦察器由一大一小两只开口的铁心组成。使用时，先将被测转子放在铁心上，线圈接入交流电源，这时铁心与转子构成闭合回路，组成一只变压器。线圈相当于变压器的一次绕组，被测转子的笼型绕组相当于变压器的二次绕组。若被测转子无断条，相当于变压器的二次绕组短路，电流表读数较大，否则电流表读数就会减少。

知识点8：千分尺的使用

重点内容： 千分尺是一种精度较高的量具。千分尺的使用如下

1）测量前将千分尺测量面擦净，然后检查零位的准确性。

2）将工件被测表面擦净，以保证测量准确。

3）用单手或双手握持千分尺对工件进行测量。

4）正确读数。

使用时要注意不能用千分尺测量粗糙的表面；使用后应擦净测量面并加润滑油防锈，放入盒中。

知识点9：塞尺的使用

重点内容： 塞尺是用来检验两个结合面之间间隙大小的片状量规。其长度有50mm、100mm、200mm等多种。使用塞尺时，根据间隙大小，可用一片或数片重叠在一起插入间隙内。

塞尺的片有的很薄，容易弯曲和折断，测量时不能用力太大。还应注意不能测量温度较高的工件。用完后要擦拭干净，及时放到夹板里。

鉴定范围二：读图与分析

知识点1：万能铣床主轴的起动与停止

重点内容： X6132型万能升降铣床的电气原理图如图3-1所示。该机床的动力电源是三相交流380V，变压器两侧均有熔断器作短路保护。三个电动机除有熔断器作短路保护外，还有热断电器作过载和断相保护。

1）起动主轴时，先闭合开关QS接通电源，再把换向开关SA3转到主轴所需的旋转方向，然后按起动按钮SB3或SB4接通接触器KM1，即可起动主轴电动机M1。

2）万能铣床主轴的停转控制原理是：按下停止按钮SB1—1或SB2—1，切断接触器KM1线圈的供电电路，并接通YC1主轴制动电磁离合器，主轴即可停止转动。

知识点2：万能铣床升降台的上下运动

重点内容： 万能铣床升降台的上、下运动和工作台的前、后运动完全由操纵手柄来控制，手柄的联动机构与行程开关相连接，该行程开关装在升降台的左侧，后面一个是SQ3，用于控制工作台向前和向下运动，前面一个是SQ4，用于控制工作台向后和向上运动。

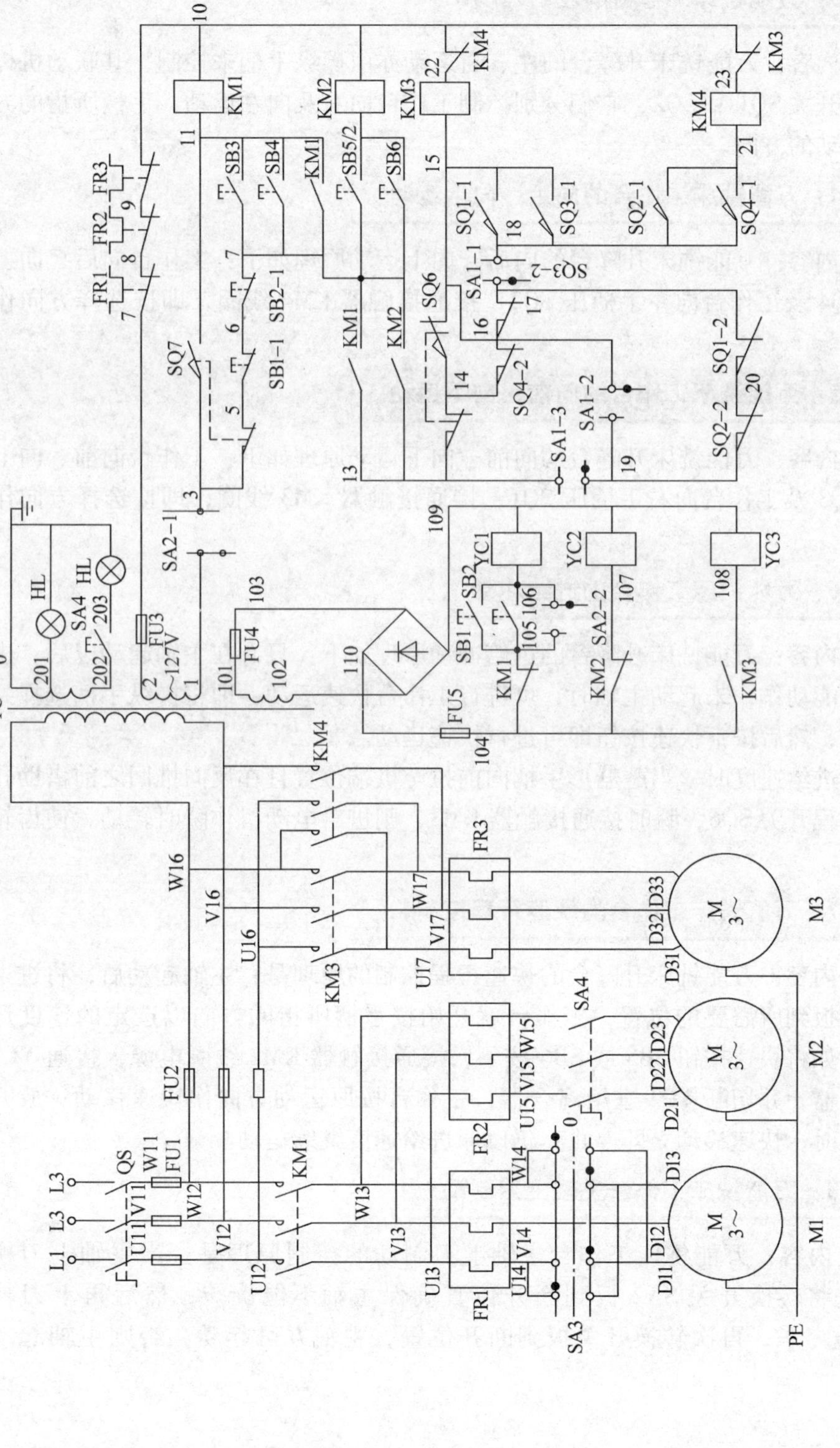

图 3-1　X6132 型万能升降铣床的电气原理图

知识点 3：万能铣床工作台的左右运动

重点内容：万能铣床升降台的左、右运动亦由操纵手柄来控制，其联动机构控制行程开关 SQ1 和 SQ2，它们分别控制工作台向右及向左运动，手柄所指的方向即是运动的方向。

知识点 4：万能铣床工作台的向后、向上运动

重点内容：万能铣床升降台的向后、向上运动原理如下：工作台向后、向上手柄压 SQ4 及工作台向左手柄压 SQ2，接通接触器 KM4 线圈，即按选择方向作进给运动。

知识点 5：万能铣床工作台的向前、向下运动

重点内容：万能铣床升降台的向前、向下运动原理如下：工作台向前、向下手柄压 SQ3 及工作台向右手柄压 SQ1，接通接触器 KM3 线圈，即按选择方向作进给运动。

知识点 6：万能铣床工作台的进给冲动

重点内容：万能铣床升降台的进给冲动原理如下：只有在主轴起动以后，进给运动才能动作，未起动主轴时，可进行工作台快速运动，即将操纵手柄选择到所需位置，然后按下快速按钮即可进行快速运动。

变换进给速度时，当蘑菇形手柄向前拉至极端位置且在反向推回之前借助孔盘推动行程开关 SQ6，瞬时接通接触器 KM3，则进给电动机作瞬时转动，使齿轮容易啮合。

知识点 7：万能铣床工作台的快速行程控制

重点内容：万能铣床升降台的快速行程控制的原理是：主轴起动后，将进给操纵手柄扳到所需要的位置，工作台就开始按手柄所指的方向以选定的速度运动。此时如将快速按钮 SB5 或 SB6 按下，接通接触器 KM2 线圈电源，接通 YC3 快速离合器，并切断 YC2 进给离合器，工作台按原运动方向作快速移动；放开快速按钮时，快速移动立即停止，仍以原进给速度继续运动。

知识点 8：万能铣床工作台主轴上刀制动

重点内容：万能铣床工作台主轴上刀制动的控制原理是：当主轴上刀换刀时，先将转换开关 SA2 扳到断开位置确保主轴不能旋转，然后再上刀换刀。上刀完毕，再次转换开关扳到断开位置，主轴方可起动，否则主轴起动不了。

知识点 9：万能铣床工作台冷却泵、照明的控制

重点内容：将转换开关 SA4 扳到接通位置，冷却泵电动机起动；机床照明由照明变压器供给，照明灯本身由开关控制。

知识点 10：万能磨床冷却泵电动机的控制

重点内容：MGB1420 型万能磨床电气原理图如图 3-2 所示，液压泵和冷却泵电动机的起动和停止由转换开关 QS2 和接触器 KM1 控制。

知识点 11：万能磨床内外磨砂轮电动机的控制

重点内容：内外磨砂轮电动机的起动和停止由交流接触器 KM2 和插销插座 XS1 控制。为了避免内、外磨砂轮电动机同时起动，采用互锁方法。为了提高内磨砂轮电动机的速度采用了变频机组供电，M5 为变频机组原动机，G 为变频发电机，它可以把 50Hz 的工频电源提高到 150Hz，供内磨砂轮电动机 M4、M6 使用。

知识点 12：万能磨床工件电动机控制回路组成

重点内容：万能磨床工件电动机控制回路主要由晶闸管直流装置 FD 提供电动机 M 所需要的直流电源。220V 交流电源由 U7、N 两点引入，M 的起动、点动及停止由主令开关 SA1 控制中间继电器 KA1、KA2 来实现，开关 SA1 有开、停、试 3 挡。

知识点 13：万能磨床工件电动机的几种状态

重点内容：万能磨床工件电动机工作状态

1）SA1 扳在开挡时，中间继电器 KA2 线圈吸合，从电位器 RP1 引出给定信号电压，同时制动电路被切断。直流电动机 M 处于工作状态，可实现无级调速，SP 为油压继电器。

2）SA1 扳在试挡时，中间继电器 KA1 线圈吸合，从电位器 RP6 引出给定信号电压，制动回路被切断，直流电动机 M 处于低速点动状态。

3）SA1 扳在停挡时，直流电动机 M 电源被切断，处于停转状态。

知识点 14：万能磨床自动循环电路

重点内容：自动循环电路通过微动开关 SQ1、SQ2，行程开关 SQ3，万能转换开关 SA4，时间继电器 KT 和电磁阀 YT 与油路、机械方面配合实现磨削自动循环工作。

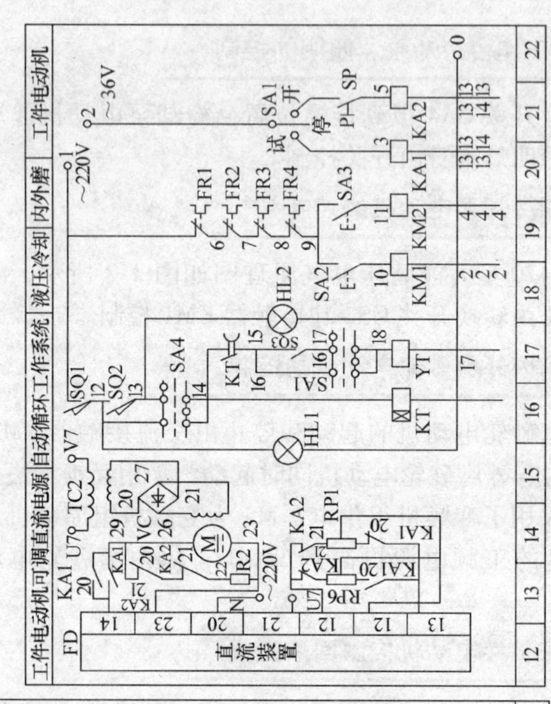

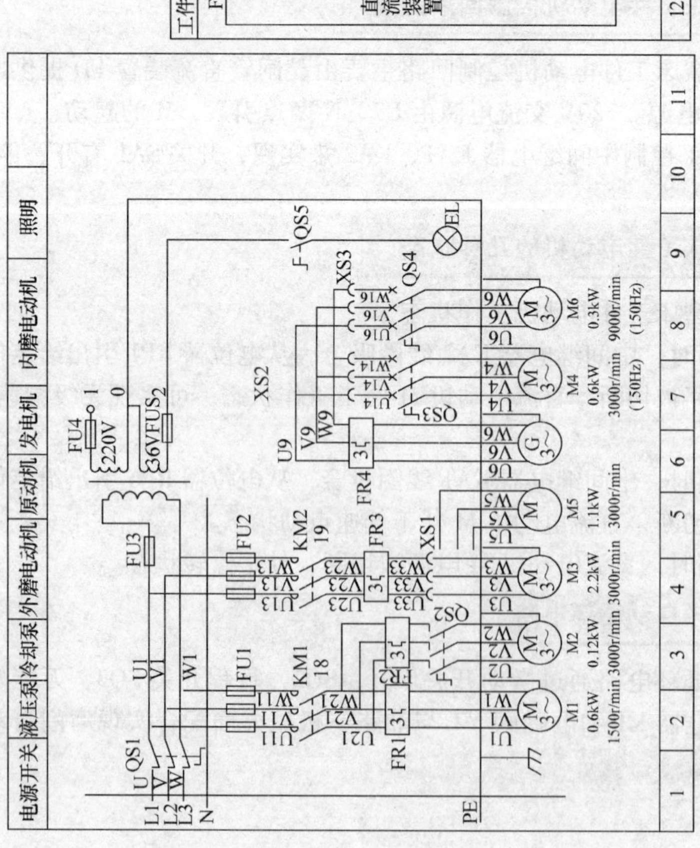

图 3-2 MGB1420 型万能磨床电气原理图

知识点 15：万能磨床晶闸管直流调速系统组成

重点内容：主要由主回路和控制回路两大部分组成。直流调速系统中工件电动机采用他励式直流电动机，功率为 0.55kW，0～2 300r/min，通过改变电枢电压实现调速的目的。其原理图如图 3-3 所示。

知识点 16：万能磨床调速系统的主回路

重点内容：万能磨床晶闸管直流调速系统的主回路采用单相桥式半控整流电路。用整流变压器直接对 220V 交流电整流，最高输出电压 190V 左右，直流电动机 M 的励磁电压由 220V 交流电源经二极管 V21～V24 整流取得 190V 左右的直流电压，R2 为能耗制动电阻。

知识点 17：万能磨床调速系统控制回路的基本环节

重点内容：基本环节主要由晶体管 V33、V35、V37，单结晶体管 V34，电容器 C3 及脉冲变压器 TA 等组成单结晶体管触发电路。V37 为一级放大，V35 可看成是一个可变电阻，V34 为移相触发器，V33 为功率放大器，调速给定信号由电位器 RP1 上取得，经 V37、V35 由 V34 产生触发脉冲，再经 V33 放大由脉冲变压器 TA 输出以触发晶闸管 V31、V32。

知识点 18：万能磨床调速系统控制回路的辅助环节

重点内容：辅助环节主要由运算放大器 AJ、V38、V39、V29、RP2 等组成电流截止负反馈环节，当负载电流大于额定电流 1.4 倍时，V39 饱和导通，输出截止，V19、R26 组成电流正反馈环节。

知识点 19：万能磨床调速系统中电压微分负反馈环节

重点内容：主要由 C15、R37、R27、RP5 等组成电压微分负反馈环节，以改善电动机运转时的动态特性，调节 RP5 阻值大小，可以调节反馈量的大小，以便稳定电动机的转速。由 R29、R36、R38 组成电压负反馈电路。由 C2、C5、C10、C11 等组成积分校正环节。

知识点 20：万能磨床调速系统控制回路电源部分

重点内容：回路电源由变压器 TC1 的二次绕组③经整流二极管 V14～V17 整流稳压滤波后取得 -15V 电压，以供运算放大器 AJ 用。经 V1～V4 整流后再经 V5 取得 +20V 直流电压，供给单结晶体管触发电路使用。由 V9 经 R20、V30 稳压后取得 +15V 电压，以供给定信号电压和电流截止负反馈等电路使用。

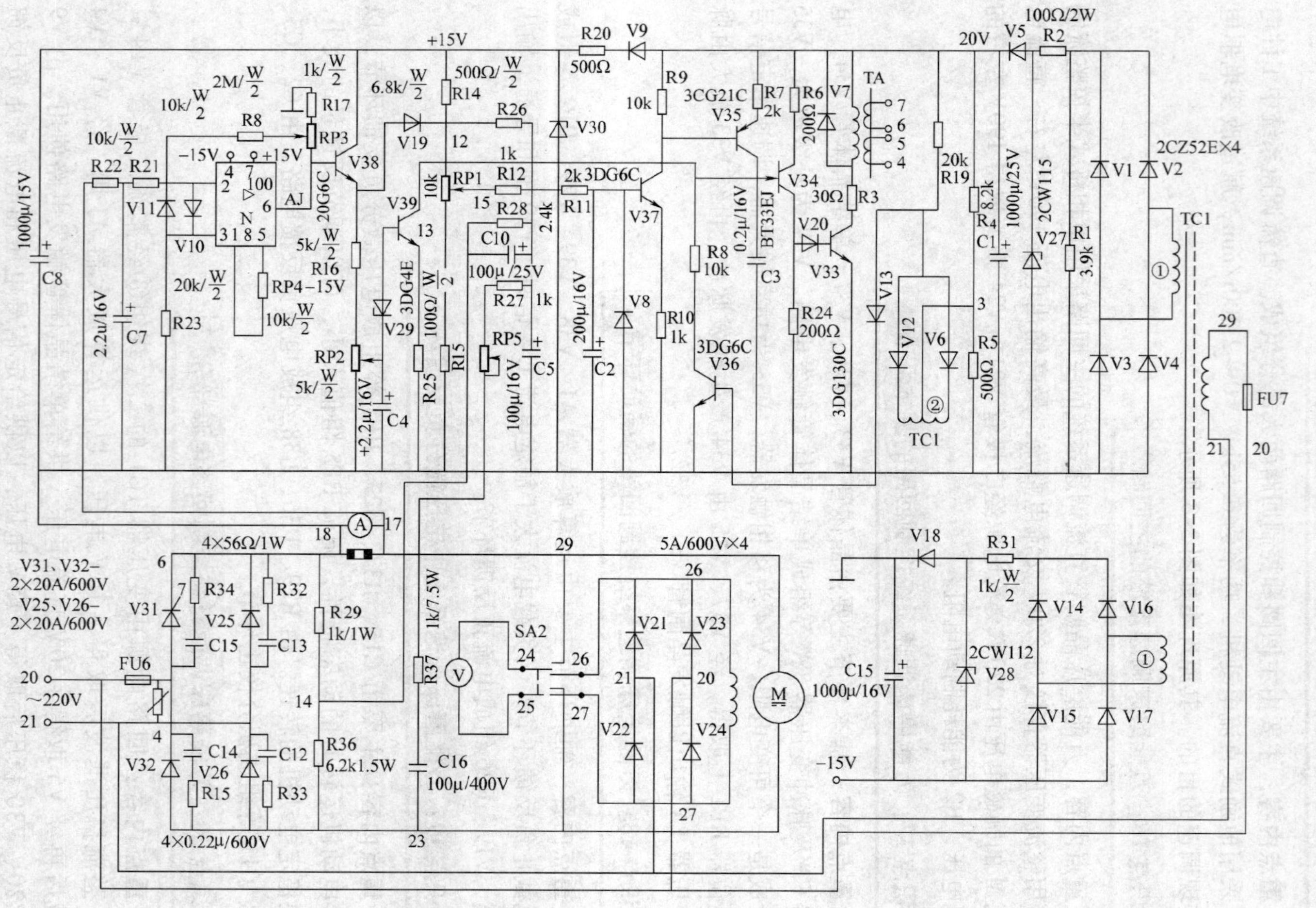

图 3-3 晶闸管直流调速装置电路原理图

知识点 21：电气原理图的绘制

重点内容： 电气原理图用于表示电流从电源到负载的传送过程和电气元件的工作原理，阅读原理图可以了解负载的工作方式和功能，它是绘制安装接线图的基本依据，在调试和故障排除时有重要作用。

绘制原理图时，通常把主电路和辅助电路分开，主线路用粗实线画在辅助电路的左侧或上部，辅助电路用细实线画在主电路的右侧或下部。

安装接线图是电气原理图的具体表现。为了区别主电路和辅助电路，安装图用粗实线表示主电路，细实线表示辅助电路。安装接线图主要用于电气施工和维修。

知识点 22：电气原理图的分析

重点内容： 较复杂电气原理图阅读分析方法与步骤

1）分析主线路。

2）分析控制电路。

3）分析辅助电路。

4）分析联锁与保护环节。

5）分析特殊控制环节。

6）总体检查。

二、装调与维修

1. 掌握直流电动机的检修知识
2. 掌握特种电动机的检修知识
3. 掌握 X6132 型万能铣床和 MGB1420 型万能磨床的检修知识

鉴定范围一：电气故障检修

知识点 1：直流电动机不能起动的原因

重点内容： 直流电动机不能起动的原因

1）无电源或电压过低，可检查外部电路。若是电压过低，应区分是电压调得过低还是电源容量过小。

2）电动机过载，应将负载降到额定值。

3）接线错误，须按照图样更正接线。

4）电刷接触不良，应改善弹簧压力、修理电刷和换向器表面。

5）电动机轴承损坏或内部被异物卡死，需清洗或更换电动机轴承或检修、清理电动机。

6）无励磁电流。若由励磁绕组断路引起，可修理或更换绕组；否则，应检查修理外部励磁回路。

知识点2：直流电动机转速不正常的原因

重点内容：直流电动机转速不正常的原因

1）电源电压过高、过低或波动过大，可调节电源电压至额定值，并设法稳定电源。

2）电刷架位置不对，应调整电刷架至正确位置。

3）电枢或励磁绕组接触不良，应检查、找出故障点，并进行修复。

4）电枢或励磁绕组有短路，需拆开电动机找出短路点。

5）励磁回路电阻过大，可适当调整电阻。

6）串励电动机负载过轻，应增加负载，避免轻载或空载运行。

7）复励电动机中串励励磁绕组极性接反，需纠正错误接线。

知识点3：直流电动机电刷下火花过大的原因

重点内容：直流电动机电刷下火花过大的原因

1）电动机过载，应使电动机保持在额定负载下运行。

2）由于换向器表面有油污、尘土或不光洁等原因，引起电刷与换向器表面接触不良。应查明原因，清洁换向器表面，或修理电刷和换向器，或适当调整弹簧压力。

3）换向器偏摆。可用千分表测量，偏摆过大时应重新精车。

4）换向器片间云母凸出，需刻下片间云母，并对换向器进行槽边倒角、研磨。

5）电刷牌号不相符、磨损过度或电刷与刷握配合不当，应更换原牌号的电刷或刷握。

6）刷握松动或装置安装不正确，应按照要求紧固或纠正刷握装置，使其与换向器表面平行。

7）电刷不在中性线上，需将刷杆调整到原有记号位置上，或用感应法确定中性线位置，再微调电刷位置至最小。

8）电动机运转时不平稳或振动，应对电枢进行动平衡。

9）电枢绕组中有部分线圈接反。此时换向器云母槽中有烧黑现象，检查后正确接线。

10）换向极绕组短路、断路或极性接错。若是绕组短路、断路，应查出短路或断路原因，对症修理；若是极性接错，可用指南针检查换向极极性，按要求正确接线。

知识点 4：直流电动机温升过高的原因

重点内容：

1）电动机长期过载或未按规定的运行方式运行，应恢复正常负载运行；"短时"、"断续"方式不能长期运行。

2）换向器或电枢绕组短路，应查明原因，进行清扫或修理。

3）电枢绕组部分线圈接反，检查后纠正接线。

4）定子与转子相互摩擦，可检查轴承是否磨损过大，磁极固定螺栓是否松脱等。

5）电动机直接起动，正、反转过于频繁，应避免频繁地正、反转。

6）并励绕组局部短路，查出短路绕组后，重绕修理。

7）通风冷却不良，可检查风扇扇叶是否良好，风道是否堵塞等。

知识点 5：直流电动机轴承发热的原因

重点内容：

1）润滑脂变质或混有杂质，可清洗后更换质量好的润滑脂。

2）轴承室内润滑脂加得过多或过少，应适量加入润滑脂（一般为轴承室容积的 1/3）。

3）轴承磨损过大或轴承内圈、外圈破裂，应更换轴承。

4）轴承与轴或与轴承室配合过松，需调整到合适的配合精度。

5）传动带过紧。在不影响转速的情况下，适当放松传动带。

知识点 6：直流电机漏电的原因

重点内容：直流电机漏电的原因

1）电刷灰和其他灰尘堆积。刷杆及线头与机座轴承盖附近易堆积灰尘，需定期清理。

2）引出线碰壳，需进行相应的绝缘处理。

3）电动机受潮，绝缘电阻下降，可进行烘干处理。

4）电动机绝缘老化，应拆除绕组，更换绝缘。

知识点 7：直流电动机电枢绕组开路故障

重点内容：多数是由于换向器片与导线接头处焊接不良，或个别线圈内部断线，绕组断路的现象是在运行中电刷下发生不正常的火花。检查方法是将 6 ~ 12V 的直流电源接到换向片的两侧，用毫伏表测量各相邻的两个换向片间的电压值，逐片依次测量，有断路的绕组所接换向片被毫伏表跨接时，有读数指示，且指针会剧烈跳动（要防止损坏表头）；若毫伏表跨接在完好的绕组所接的换片上时，将无读数指示。

知识点8：直流电动机电枢绕组短路故障

重点内容：若电枢绕组短路严重，会使电动机烧坏。若只有个别线圈短路时，电动机仍能运转，只是使换向器表面火花变大，电枢绕组发热严重，若不及时发现加以排除，则最终也将导致电动机烧毁。电枢绕组短路故障主要发生在同槽绕组元件的匝间短路。找短路的方法有短路测试器法和毫伏表法。

知识点9：直流电动机电枢绕组对地短路故障

重点内容：电枢绕组接地这是直流电动机最常见的故障。电枢绕组接地故障常出现在槽口处和槽内底部、换向器对地击穿。对其的判断可用兆欧表法或校验灯法检查。

知识点10：直流电机换向器的修理

重点内容：直流电机换向器的修理内容

（1）研磨换向器表面　研磨时，可用0号砂布打掉表面薄层，再用00号砂布（最好是半新的），在高速下抛光表面，使表面粗糙度达到 $Ra3.2\mu m$ 再使用。

（2）刷剔云母槽　刷剔时，可用毛或旧牙刷顺着云母槽刷去槽中的脏物。靠近换向器竖板边的云母槽中的脏物不易刷出，应用剔刀或锯条片把脏物剔出来。如果遇到硬质颗粒嵌在槽中刷不出来，也要用剔刀把它剔出来。

（3）车修换向器表面　如果换向器表面被电刷磨损很多，伤迹深度超过0.5mm，应在车床上车修。切削时，车刀要锋利，每次背吃刀量为0.05～0.1mm，进给量在0.1mm左右，切削速度为1～1.5m/s，加工后换向器与轴的同轴度不超过0.02～0.03mm。

知识点11：直流电动机电刷的修理

重点内容：直流电动机电刷的修理。其检修步骤和要求如下

1）检查电刷表面有无异状。电刷要用00号玻璃砂纸进行研磨。经研磨使电刷与换向器的接触面达80%以上。

2）检查测量电刷的压力。可用弹簧秤测量，一般电动机电刷的压力为0.015～0.025MPa。

3）电刷应能在刷握中上下自由移动，但又不能太松而摇晃。

4）检查电刷磨损是否超限。

知识点12：直流电动机滚动轴承的修理

重点内容：

1）拆卸滚动轴承的方法有敲打法、钩抓法和导板法。

2）对轴承的质量要求：一是间隙不得超过磨损限度；二是没有破裂、锈蚀、珠痕、变色、剥离、磨点、卡住等缺陷。

3）滚动轴承的安装有敲打法和热装法。

重点掌握热装法的要求，如：油的温度保持在100℃左右；轴承约煮5～10min后，用锤子轻轻打入或用其他方法轻轻压入。

知识点13：直流电动机修理后的试验

重点内容：

（1）确定电动机电刷中性线位置　电动机的电刷必须放在中性线位置上。在现场确定电刷中性线位置一般采用感应法。对于大、中型电动机，试验电流从主磁极绕组通入，其值约为额定励磁电流的5%～20%，电压一般为几伏到十几伏。

（2）绝缘电阻的测量　额定电压500V及以下的直流电动机，应使用500V绝缘电阻表，而500V以上的直流电动机，应使用1 000V绝缘电阻表测量各绕组对外壳及其相互间的绝缘电阻。对于额定电压为500V以下的电动机，在常温下的绝缘电阻一般不低于0.5MΩ。

（3）空载试验和负载试验

1）空载试验。空载试验的目的是检查各机械运转部分是否正常，有无过热、异常声音及振动现象。对直流发电机要检查空载电压的建立是否正常；对电动机要检查其在额定电压、额定励磁电流情况下的转速是否正常与稳定。空载下运行时，直流电机均不允许电刷下有火花存在，否则应分析原因，排除故障。

2）负载试验。在有条件的情况下应作负载试验，进一步检查电动机各部温升和电刷下的火花大小。

知识点14：伺服电动机的使用

重点内容：

1）使用他励式电枢控制的直流伺服电动机时，要先接通励磁电源，然后再加上电枢电压。在工作过程中，一定要防止励磁绕组断电，以避免电枢电流过大和造成电枢超速。

2）当用晶闸管整流电源时，最好采用三相全波桥式电路。若选用其他形式整流电路时，应用良好的滤波装置。不然，直流伺服电动机只能在降低容量的情况下使用。

知识点 15：无换向器电动机的常见故障

重点内容：

（1）接线故障　主要为插座脱焊，端子接线松开以及接触不良等。

（2）转子位置检测器故障　当霍尔元件或光电脉冲编码器发生故障时，会引起电动机失控，进给有振动等。

（3）电磁制动故障　出现得电松不开，失电不制动等现象。

（4）误报警故障　无换向器电动机一般在定子中埋设有热敏电阻，当出现误报警时，应检查热敏电阻是否正常。

知识点 16：电磁调速电动机的常见故障

重点内容： 电磁调速电动机的常见故障

1）大小爪极式磁极变形及损坏。

2）励磁电流失控。

3）励磁系统故障使励磁线圈散热不好。

4）离合器电枢与磁极间气隙堵塞。

5）测速电压下降。测速发电机转子磁环破裂，需更换新磁环。

6）电动机调速不灵及转速不稳。

7）电动机“飞车”。

8）电动机高速运转时突然停车。

9）电动机转速周期性振荡。

重点掌握产生故障的原因和措施。

知识点 17：交磁电动机扩大机的拆装

重点内容：

1）拆卸时应作好标记。特别是做好每只电刷与刷握相对位置的标记。

2）装配。

① 检查各绕组出线端的极性。在定子未装配前可用指南针检查控制绕组、补偿绕组和换向绕组的极性。如指南针方向一致，则表示极性正确。

② 检查换向器。换向器表面应保持清洁，不得沾有油污；换向器不得有短路、断路及脱焊；换向器与轴承挡的同轴度允差值应小于 0.03mm，在旋转过程中，偏摆应小于 0.05mm。

③ 装配时的注意事项

a. 安装电刷时，应按标号及安装方向将电刷对号入座。电刷在刷握中不应卡住，但也不能过松（其间隙一般为 0.1mm）。

b. 尽量使同一刷杆上所有电刷的压力均匀（对于电化石墨电刷的弹簧压力

约为 30kPa)。电刷如果磨损过多，应及时更换。

c. 更换电刷时，应采用电动机制造厂规定的型号，并使整台电动机电刷型号一致。对于更换的电刷或发现原电刷接触面不好时应研磨电刷。

d. 中性线位置确定好后，为了改善换向和防止自激，使电动机扩大机工作稳定，可将电刷沿电枢旋转方向偏移几何中性线 1°~3°电角度，约移动（在端盖上量）2~3mm，然后将电刷位置固定好，并在位置上做好标记。

e. 在运转前应空载研磨电刷接触面，使磨合部分（镜面）达到电刷整个工作面 80% 以上时为止，通常需空转 1~2h。

知识点 18：交磁电机扩大机补偿度的调整

重点内容：对于负载是励磁绕组欠补偿程度时，可以调得稍欠一些，一般在额定控制电流时，其外特性为全补偿特性的 95%~99%（即保证控制电流为额定值时，调补偿电阻 R_{BCO}，使额定负载时的电压为全补偿额定负载时电压的 95%~99%）。对于负载为直流电动机时，其欠补偿程度应欠得多一些，常为全补偿特性的 90%（即保证控制电流为额定值时，额定负载时的电压为全补偿特性额定负载时电压的 90%）。然后再减小控制绕组电流，使得此时的直轴空载电压 E_{do} 为额定控制电流时直轴空载电压 E_{dnd} 的一半。即 $E_{do}=1/2E_{dnd}$，再逐渐增加电机扩大机的负载到额定值，若特性无上翘现象则合乎要求。若仍有上翘部分，则应减弱补偿程度，直到特性无上翘为止。

知识点 19：交磁电机扩大机的常见故障

重点内容：交磁电机扩大机的常见故障

1）空载电压很低或没有输出。

2）空载时电压正常，加负载后电压显著下降。

3）加负载后电压过高、产生自激。

4）换向时火花过大。

5）输出电压不稳定。

重点掌握产生故障的原因和措施。

知识点 20：万能铣床不起动故障的检修

重点内容：万能铣床全部电动机不起动故障的检修

1）首先检查换刀制动开关 SA2 应在正确位置，检查熔断器的熔丝有无熔断。若有熔丝熔断，应进一步检查熔丝熔断的原因，排除后再更换新熔丝。

2）检查热继电器 FR1、FR2、FR3 是否跳开未复位。如果跳开了，应查明其动作原因，排除后将其复位。

3）检查控制变压器 TC 的输出电压是否正常。如果电压正常，可检查瞬动限位开关 SQ7 的常闭触点接触是否良好，相关连线的连接有无问题。如果 SQ7 触点接触不良，可进行修理或更换。

4）如果控制变压器 TC 无输出电压，可检查其输入电压（交流 380V）是否正常。如果电压正常，则控制变压器有问题，应进行检查、修理或更换；如果变压器无输入电压，可检查电源开关 QS 触点是否接触好，检查相关连线是否连接好。如果电源开关接触不良，可进行修理或更换。

知识点 21：万能铣床主轴停车无制动故障的检修

重点内容：万能铣床主轴停车无制动故障的检修

1）按停止按钮后主轴不停。

① 停止按钮常闭触点或相关连线短路，可找出原因进行修复。

② 接触器主触点熔焊到一起，应首先找出原因，将其排除，然后再更换主触点。

2）主轴停车时没有制动作用。首先检查制动时，主轴电磁离合器 YC1 两端是否有直流 24V 电压。

① 如果无电压，可检查熔断器 FU5 是否熔断；24V 直流电源是否正常；接触器 KM1 的常闭触点、主轴停止按钮 SB1、SB2 的常开触点是否接触良好；相应电路连接是否有开路的地方。可采用电压测量法找出问题，进行相应的修理或更换。

② 如果电压低，可能是直流电源整流桥路中有一臂开路而成为半波整流；也可能因 YC1 线圈内部有局部短路，引起电流过大把电压拉下来；还有可能是电路中有接触不良的地方，可进一步进行检查并将其排除。

③ 如果电压正常，可检查 YC1 线圈是否断路，机械部分、离合器摩擦片等是否有卡阻或是需要调整，可进行相应的检修或处理。

知识点 22：万能铣床进给电动机不能起动故障的检修

重点内容：当主轴电动机已起动，而进给电动机不能起动时，首先检查接触器 KM3 或 KM4 是否吸合。

1）接触器 KM3、KM4 未吸合。

① 检查圆工作台转换开关 SA1 是否有接触不良现象，如果是接触不良，应对转换开关的触点进行检修。

② 检查接触器 KM3、KM4 线圈是否断线，如果有线圈断线，可对线圈进行检修更换。

③ 检查接触器 KM3、KM4 的联锁辅助触点是否接触不良；检查接触器 KM1、KM2 的辅助常开触点接触是否良好；检查相应各限位开关的触点接触是

否良好。如果有问题，应进行相应的修理。

2）接触器 KM3 或 KM4 已吸合，进给电动机不转。

① 检查进给电动机 M3 的进给端电压是否正常，如果正常，则应检查进给电动机是否有问题，或者是机械卡死。如果有电动机的问题，可检修电动机；如果是机械卡死，应检修机械部分。

② 如果进给电动机进线端电压不正常，应检查熔断器 FU2 是否因熔丝熔断而造成的电动机断相。如果是熔丝熔断，应先查出其原因，排除后再更换熔丝。检查接触器 KM3、KM4 的主触点是否接触不良，如果接触不良，应检修主触点。检查相应连线是否连接好，热继电器有没有烧断。如果有，则可进行相应的修理或更换。

知识点 23：万能铣床工作台不能快速进给故障的检修

重点内容： 万能铣床工作台不能快速进给故障的检修

1）工作台升降和横向进给正常，纵向（左、右）不能进给。

① 检查限位开关 SQ3、SQ4、SQ6 的常闭触点，这三个常闭触点只要有一个接触不良，纵向就不能进给。如果有接触不良现象，应对其触点进行检修。

② 检查限位开关 SQ1 的常开触点是否接触不良。如果是接触不良，可检修其触点。

③ 也可能会由于纵向操作手柄联动机构机械磨损，根本就没有压住限位开关 SQ1，所以也不能纵向进给。这时应检查修理纵向操纵手柄联动机构。

2）进给电动机没有冲动控制。进给电动机没有冲动控制的原因可能是冲动限位开关 SQ6 的常开触点接触不良，应检修修理 SQ6 的常开触点。

3）工作台不能快速进给。

① 检查接触器 KM2 是否吸合，如果未吸合，检查 KM2 的线圈是否断线，快速按钮 SB5、SB6 触点是否接触不良，相应连线是否连接线。查出问题后，进行相应的修理或更换。

② 如果 KM2 已吸合，则检查以下方面：可检查 KM2 的主触点是否接触不良；检查电磁铁 YC3 线圈是否断路，是否有机械卡阻或动铁心超行程；检查离合器摩擦片，如果调整不当，可对摩擦片进行重新调整。

知识点 24：磨床液压泵电路的检修

重点内容： 磨床液压泵电路的检修

1）如果液压泵电动机转动，冷却泵电动机不转，应检查开关 QS2 是否接通，冷却泵电动机输入端电压是否正常。如果输入端电压正常，则可能是电动机损坏或冷却泵卡死，可进一步检查、修理或更换；如果冷却泵电动机输入端电压不正常，则可能是 QS2 或连线接触不良，可进一步检查、修理。

2）如果冷却泵转动、液压泵不转，应检查液压泵输入端电压是否正常，确定是连线有问题还是电动机或泵有问题，再进一步检查、修理或更换。

3）如果液压泵、冷却泵都不转动，则应检查熔断器 FU1 是否熔断，再看接触器 KM1 是否吸合。如果 KM1 吸合了，应检查电动机的三相电源，进一步分析判断。如果 KM1 未吸合，可将 SA3 合上，看 KM2 能否吸合。如果 KM2 不能吸合，应检查电源电压、控制电压是否正常，检查热继电器 FR1 ~ FR4 是否跳闸未复位，触点是否有接触不良现象。如果 KM2 能吸合，则应检查 SA2 及连线有无接触不良，接触器 KM1 的线圈是否烧坏，查出故障后进行修理或更换。

知识点 25：磨床控制回路检修

重点内容：磨床控制回路检修内容

（1）中间继电器 KA2 不吸合　可能是压力继电器 KP 接触不良，或已损坏，可进行修复或更换压力继电器；也可能是开关 SA1 接触不良或已损坏，应修复或更换开关。

（2）自动循环磨削加工时不能自动停机　可能是行程开关 SQ3 接触不良，可对开关进行修复或更换；也可能是时间继电器 KT 已损坏，可进行修复或更换；还可能是电磁阀 YV 线圈烧坏，应更换线圈。

知识点 26：工件触发电路故障的检修

重点内容：工件触发电路故障的检修

1）晶闸管触发电路故障的检查与分析。电路图如图 3-3 所示。触发电路的故障检查，应力求根据几个关键的波形是否正常来判断。

2）首先用示波器观察同步信号整流后的波形 u_x 是否正常，波形不应有断相、毛刺或不规则的形状。

3）观察 C3 两端的电压 u_c 的波形。

① 如无锯齿波电压，可通过电位器 RP1 调节输入控制信号的电压。

② 如电容器 C3 上有锯齿波电压，R6 两端有触发脉冲输出，并随控制信号的电压变化而变化时，可用示波器观察锯齿波或脉冲个数。

知识点 27：晶闸管简易测试

重点内容：晶闸管的简易测试方法

1）首先将万用表置于 $R\times1\text{k}\Omega$ 挡或 $R\times10\text{k}\Omega$ 挡，测量元件阳极和阴极之间的正反向阻值，原则上越大越好。若有一个方向或两个方向阻值很小，说明元件短路或性能不好。若指针不动，则说明断路。

2）将万用表置于 $R\times1\Omega$ 挡或 $R\times10\Omega$ 挡，测量门极和阴极之间正向阻值，一般反向电阻比正向电阻大，正向几十欧姆以下，反向数百欧姆以上。

若测得晶闸管正反向已短路或断路，阳极与门极短路，门极与阴极短路或断路，都说明元件已损坏。

3）小容量的晶闸管导通维持电流较小，适当用万用表在 $R\times1\text{k}\Omega$ 挡进行测试。对于中大容量的晶闸管，就只能用试灯测量了。对于试灯，也同样要考虑维持电流、导通电压等因素，但一般情况下都可以满足正常测试的要求（3V 电池加电筒灯泡）。

知识点 28：调速电路中，工件电动机不转的原因

重点内容：调速电路中，工件电动机不转的原因

1）可能是电流截止负反馈过强，正常的工作电流就使电流截止环节起作用，应进一步检查电流截止环节（如 V39、V29、RP2 等）及相关连线有无短路或断路。如果正常，可按要求重新调整电流截止环节。

2）可能是触发电路没有触发脉冲输出，可用示波器对触发电路进行检查，按前述方法进行分析，找出故障点并排除。

3）还可能是熔断器 FU6 熔丝熔断，或晶闸管 V31、V32，整波管 V25、V26 损坏，或主线路、电动机 M、励磁电路有问题，应进一步检查并修复。

知识点 29：兆欧表的使用

重点内容：使用兆欧表的注意事项

1）使用兆欧表前要检查。

2）测量绝缘电阻必须在被测设备和线路停电的状态下进行。对含有大电容的设备，测量前应先进行放电，测量后也应及时放电，放电时间不得小于 2min，以保证人身安全。

3）兆欧表与被测设备间的连接导线不能用双股绝缘线或绞线。

4）摇动手柄时应由慢渐快至额定转速 120r/min。在此过程中，若发现指针指零，说明被测绝缘物发生短路事故，应立即停止摇动手柄，避免表内线圈因发热而损坏。

5）测量具有大电容设备的绝缘电阻，读数后不能立即停止摇动兆欧表，以防止已充电的设备放电而损坏兆欧表。应在读数后一边降低手柄转速，一边拆去接地线。在兆欧表停止转动和被测物充分放电之前，不能用手触及被测设备的导电部分。

知识点 30：钳形电流表的使用

重点内容：钳形电流表的使用

1）估计被测电流的大小，选择合适的量程。

2）测量并读取测量结果。

3）使用时钳口的结合面要保持良好的接触。

4）测量5A以下较小电流时，可将被测导线多绕几圈再放入钳口测量，被测的实际电流值就等于仪表读数除以放进钳口中的导线的圈数。

5）测量完毕，应将仪表的量程开关置于最大量程位置上。

知识点31：数字式万用表的使用

重点内容：数字式具有体积小、测量精确、使用方便、显示清晰和不会产生读数误差等优点。PF-32型数字式万用表的面板示意图如图3-4所示。重点掌握数字式万用表的使用。如测量直流电压、测量直流电流、测量交流电压、测量电阻以及测量晶体管的方法及注意事项。

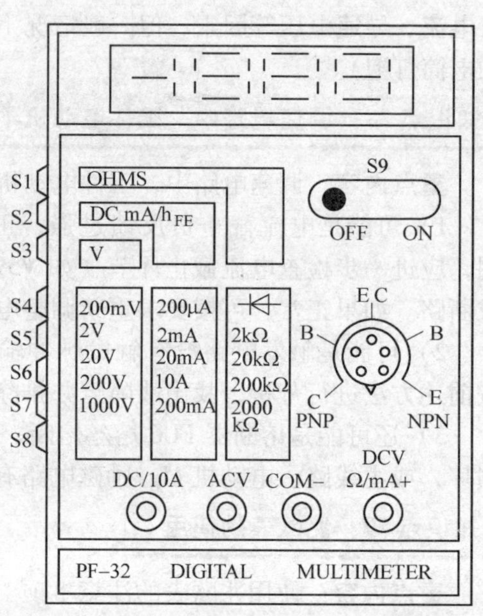

图3-4　PF-32型数字式万用表面板示意图

知识点32：功率表的使用

重点内容：使用功率表测量电功率的步骤

（1）机械调零。

（2）正确选择量程。

（3）正确接线　功率表的接线方式有两种：电压线圈前接和电压线圈后接。

（4）正确读数

1）先求分格常数：

① 如果功率表内部附有分格常数表，可通过查表得到在不同电流、电压量程时的分格常数 C。

② 分格常数 C 也可按下式计算：

$$C=\frac{\text{电压量程}\times\text{电流量程}}{\text{满刻度的格数}}$$

2）求被测功率 P：

$$P=\text{分格常数}\times\text{指针偏转格数}$$

知识点33：示波器的使用

重点内容：使用普通示波器观察波形的步骤

1）使用之前要先检查仪器的熔丝是否完好，面板上各旋钮有无损坏，转动是否灵活。

2）将电源插头接到220V交流电源上。打开电源开关，指示灯应发亮，表明仪器进入预备工作状态，预热5min后才能正常使用。

3）调节“辉度”旋钮，使亮度适中。光点不宜太亮，也不宜长时间停留在一点上，以免影响示波管的使用寿命。

4）调节“聚焦”旋钮，使屏幕上呈现的光点直径不大于1mm。

5）调节“X轴位移”和“Y轴位移”旋钮，把光点调到屏幕正中位置。

6）当Y轴输入信号时，应将被测信号接在“Y轴输入”和“接地”端，再根据被测信号幅度，选择适当的“Y轴衰减”挡位。

7）在观测Y轴输入信号的波形时，应取机内扫描，将“X轴衰减”置于“扫描”位置，然后将“扫描范围”置于所选择的频率挡。扫描频率应根据“Y轴输入电压的频率为扫描频率的整数倍”这个原则来选择，该倍数就是能在荧光屏上看到完整被测波形的个数。

8）为使波形稳定，扫描信号必须由输入信号整步。当Y轴输入信号时，“整步选择”旋钮应置于“内+”或“内-”挡。先调节“扫描微调”，使波形趋于稳定，再调节“整步增幅”，适当增大整步电压，即可使波形稳定。

9）如需观测220V工频交流电波形时，可将“试验电压”和“Y轴输入”的两个端钮用导线连接起来。此时，试验电压由机内电源变压器上6.3V、50Hz电源提供，整步选择应置于电源挡。

知识点34：电桥的使用

重点内容：直流单臂电桥是用于1Ω以上直流电阻的较精密的仪器。直流双臂电桥是用于1Ω以下直流电阻的较精密的仪器。重点掌握电桥使用与维护的内容与操作步骤。

知识点35：晶体管图示仪的使用

重点内容：使用JT-1型晶体管图示仪时，应先熟悉仪器的使用方法和被测管的规格，以免将晶体管损坏。仪器的使用步骤

1）使用仪器前，应检查仪器有关旋钮位置，“测试选择”开关置于“关”，“峰值电压”旋钮调至零，“阶梯作用”置于“关”。

2）开启电源，指示灯亮，预热5min。

3）调整“标尺亮度”，观察时用红色标尺，摄影时用黄色标尺。调整“辉度”，使屏幕上光点和线条至适中的亮度。调整“聚焦”及“辅助聚焦”旋钮，使屏幕上显示清晰的线条或亮点。

4）进行基极阶梯信号调零。

5）根据被测管的类型（PNP型或NPN型）和接地形式（E接地或B接地），选择“极性”开关位置，然后插上被测晶体管。

6）根据需要显示的曲线和需要测试的参数，选择相应的作用开关以及合适的量程，即可进行有关图形显示和参数测定。

知识点 36：直流电动机的构造

重点内容： 直流电动机由定子和转子两大部分组成，定子和转子之间的空隙称为空气隙。

（1）定子部分　直流电机定子主要作用是产生主磁场和作为转子部分的支撑。定子包括机座、主磁极、换向磁极、端盖和轴承等。电刷装置也固定在定子上。

（2）转子（电枢）　直流电动机的转子又称电枢，它是产生感应电动势、电流、电磁转矩，实现能量转换的部件。它由电枢铁心、电枢绕组、换向器、风扇和轴等组成。

重点掌握直流电动机的各组成部分的作用。

知识点 37：直流电动机的电枢绕组

重点内容： 直流电动机的电枢绕组包括

（1）电枢绕组　由一匝或多匝导线绕制而成的线圈称绕组元件，在电枢槽中按一定规律相连的绕组元件组成电枢绕组。一个磁极所占的槽数称为极距 τ。槽数 Z、元件数 S 与换向片数 K 的关系：$Z=S=K$。

（2）绕组的形式　叠绕组、波绕组、混合绕组，其中单叠绕组和单波绕组最常用。

1）单叠绕组的并联支路数等于磁极数。

2）单波绕组的并联支路数等于磁极对数。

知识点 38：测速发电机的构造

重点内容： 测速发电机是一种能将旋转机械的转速变换成电压信号输出的小型发电机，测速发电机分为交流和直流两大类。交流测速发电机又分同步和异步两种，直流测速发电机有永磁式和电磁式两种。

（1）交流测速发电机的构造　在自动控制系统中应用较多的是空心杯形转子的异步测速发电机。它的定子上装有两个在空间相差 90°电角度的绕组。其中一个为励磁绕组，接到频率和大小都不变的交流励磁电压上。另一个用来输出电压，称为输出绕组，与高内阻的测量仪表相联。不同的是测速发电机的杯形转子是用高电阻材料（如磷青铜等）做成的，故其转子电阻更大，壁厚为0.2～0.3mm。

（2）直流测速发电机　直流测速发电机从原理上看又与普通直流发电机相似。若按定子磁极的励磁方式来分，直流测速发电机可分为永磁式和电磁式两大类。按电枢结构不同，又可分为有槽式电枢、无槽式电枢、空心杯形电枢和印制绕组电枢等，常用的是有槽式电枢结构，一般为两极。

永磁式测速发电机由于不需要另加励磁电源，也不存在因励磁绕组温度变化而引起的特性变化，因此使用较广泛。永磁式测速发电机的定子用永久磁铁制成，一般为凸极式。

知识点 39：测速发电机的应用

重点内容：测速发电机在自动控制系统和计算装置中，常作为测速元件、校正元件、解算元件使用，但不作为电源使用。

知识点 40：单相半波可控整流电路

重点内容：单相半波可控整流电路中，当 $\alpha=0°$ 时，输出电压最大，这时晶闸管全导通。当 $\alpha=180°$ 时，输出电压为零，这时晶闸管全封闭。当 α 在 $0°\sim180°$ 范围内变化时，输出电压便在 0 到最大值之间变化。

当负载为电阻性负载时，其输出电压的平均值为

$$U_L=0.45U_2\frac{1+\cos\alpha}{2}$$

式中　U_2——变压器二次电压的有效值。

负载中流过的平均电流为

$$I_L=U_L/R_L$$

晶闸管承受反向电压的最大值为 $\sqrt{2}U_2$。

知识点 41：单相桥式全控整流电路

重点内容：单相桥式全控整流电路中

（1）电阻负载时的平均输出电压为

$$U_d=0.9U_2\ (1+\cos\alpha)/2$$

（2）足够大的感性负载下的平均输出电压为

$$U_d=0.9E_2\cos\alpha$$

调节 α 的大小，即可改变触发脉冲加到晶闸管门极的时刻，则可得到不同大小的电压。当触发延迟角 α 增大时，平均输出电压 U_d 下降。当 $\alpha=90°$ 时，$U_d=0$。当 $\alpha>90°$ 时，电路工作在逆变状态。

知识点 42：双向晶闸管的使用

重点内容：双向晶闸管相当于一对反向并联的普通晶闸管。

双向晶闸管的开关性能如下：

1）门极 G 无信号时，双向晶闸管不导通。

2）两个主电极 A1、A2 之间所加的交流电压无论是正向还是反向，在门极上所加的触发脉冲无论是正还是负，都可以使晶闸管正向或反向导通。

要特别注意：普通晶闸管的额定电流是指正弦半波平均值，而双向晶闸管的

额定电流是指有效值。

利用双向晶闸管可以进行交流调压。

知识点43：晶闸管的过电流保护

重点内容：晶闸管过电流保护方法中，最常用的是快速熔断器保护。快速熔断器的额定电流 I_N 指的是有效值，而晶闸管的额定电流 I_F 指的是平均值。因此，采用快速熔断器时，一般按 $I_N = 1.57I_f$ 来选择。

除了快速熔断器作过电流保护外，还采用电流继电器、过负荷继电器、直流快速断路器、快速电子开关等过电流保护器件和措施。

鉴定范围二：配线与安装

知识点1：万能铣床电动机使用导线的选择

重点内容：主电路中导线截面应根据电动机型号、规格选择。主轴电动机 M1 7.5kW，选择 $4mm^2$ BVR 型塑料铜芯线；进给电动机和冷却泵电动机 M2、M3，分别为 1.5kW 和 0.125kW，选择 $1.5mm^2$ BVR 型塑料铜芯线。

知识点2：万能铣床控制回路所用导线的选择

重点内容：控制回路一律用 $1.0mm^2$ 的塑料铜芯导线；敷设控制板选用单芯硬导线；其他连接用多股同规格塑料铜芯软导线，导线的绝缘耐压等级为500V。

知识点3：万能铣床电气控制板制作前的检测

重点内容：检测方法和步骤：核对所有元器件型号、规格及数量，检测是否良好；检测电动机三相电阻是否平衡，绝缘是否良好，若绝缘电阻低于 0.5MΩ，则必须进行烘干处理，或进一步检查故障原因并予以处理；检测控制变压器一、二次侧绝缘电阻，检测试验状态下两侧电压是否正常；检查开关元件的开关性能是否良好，外形是否良好。

知识点4：万能铣床电气控制板检测用工具

重点内容：电工工具1套，钻孔工具1套（包括手枪钻、钻头及丝锥）。

知识点5：万能铣床电气控制板的制作

重点内容：X6132 型万能铣床电气控制板共 8 件，分别为：左、右侧配电箱控制板；左、右侧配电箱门控制板；左侧按钮站、前按钮站、升降台和升降台上的控制按钮盒。

知识点6：万能铣床配电箱控制板的制作

重点内容：左、右侧配电箱控制板和其他6个控制板的制作过程大致相同，具体过程如下：

裁剪控制板（厚2.5mm的钢板）→定出合理位置→钻孔、攻螺纹→修磨→涂装→安装元件。

左、右侧配电箱控制板，制作时要注意控制板的尺寸，使它们装上元件后能自由进出箱体。油漆干后，固定好接触器、热继电器、熔断器、变压器、整流电源和端子等。元件布置要美观、流畅、均匀，并留出配线空间，固定电气标牌。

知识点7：万能铣床线路敷线

重点内容：敷线方法有走线槽敷设法和沿板面敷设法两种。前者采用塑料绝缘软铜线，后者采用塑料绝缘单芯硬铜线。

知识点8：万能铣床导线连接的要求

重点内容：导线与端子的连接，当导线根数不多且位置宽松时，采用单层分列；如果导线较多，位置狭窄，不能很好地布置成束，则采用多层分列，即在端子排附近分层之后，再接入端子。导线接入接线端子，首先根据实际需要剥切出连接长度，除锈和清除杂物，然后，套上标号套管，再与接线端子可靠地连接。连接导线一般不走架空线（不跨越元器件），不交叉，以求板面整齐美观。

知识点9：万能铣床电动机的安装

重点内容：安装万能铣床的电动机一般采用起吊装置，先将电动机水平吊起至中心高度并与安装孔对正，装好电动机与齿轮箱的连接件并相互对准。再将电动机与齿轮连接件啮合，对准电动机安装孔，旋紧螺栓，最后撤去起吊装置。

知识点10：万能铣床限位开关的安装

重点内容：

（1）安装前检查限位开关是否完好，即手按压或松开触头，听开关动作和复位的声音是否正常。检查限位开关支架和撞块是否完好。

（2）安装限位开关时要将限位开关放置在撞块安全撞压区内（撞块能可靠撞压开关，但不能撞坏开关），固定牢固。

知识点11：万能铣床配电箱门的安装

重点内容：左、右配电箱门的安装：这两块控制板上均装有转换开关，操纵手柄均安装在箱盖外面，安装时要保证手柄中心与箱盖上的安装通孔中心重合，并能自由操纵。否则要通过修正板上的固定孔来校准。将控制板装好后，再装上转换开关的操纵手柄。

知识点12：万能铣床端子的接线步骤

重点内容：元器件上端子的接线用剥线钳剪切出适当长度，剥出接线头（不宜太长，取连接时的压接长度即可），除锈，然后镀锡，套上号码套管，接到接线端子上用螺钉拧紧即可；电气控制板上接线端子的接线操作方法同上。

知识点13：万能铣床端子的接线要求

重点内容：成捆的软导线要进行绑扎，要求整齐、美观。所有接线应连接可靠，不得松动。安装完毕后，对照原理图和接线图认真检查有无错接、漏接现象。若正确无误，则将按钮盒安装就位，关上控制箱门，即可准备试车。

知识点14：桥式起重机安装前的检查

重点内容：检查各电器是否良好，其中包括检查电动机、电磁制动器、凸轮控制器及其他控制部件。如发现质量问题，应及时修理和更换。

知识点15：桥式起重机安装前检查所用仪表

重点内容：常用仪器仪表包括500V绝缘电阻表、万用表、转速表、钳形电流表等。

知识点16：桥式起重机安装用辅助材料

重点内容：安装用辅助材料包括电气连接所需的各种规格的导线、压接导线的线鼻子、绝缘胶布、塑料管、螺钉、螺母及钢丝等。

知识点17：桥式起重机轨道的连接

重点内容：

1）起重机轨道的连接包括同一根轨道上接头处的连接和两根轨道之间的连接。通常采用30mm×3mm扁钢或ϕ10mm以上的圆钢弯制成圆弧状，两端分别与两端轨道可靠地焊接。

2）两根轨道之间的连接通常也采用30mm×3mm扁钢或ϕ10mm以上的圆钢。两端与两根轨道可靠地焊接。

知识点18：桥式起重机接地体的制作

重点内容：起重机的接地体可以利用自然接地体，如混凝土柱子中的钢筋。当需要制作人工接地体时，可选用专用接地体或用50mm×50mm×5mm角钢，截取长度为 2.5m，其一端加工成尖状。

知识点 19：桥式起重机接地体的安装

重点内容：接地体制作完成后，在宽 0.5m，深 0.8 ~ 1.0m 的沟中将接地体垂直打入土壤中，直到接地体上端与坑沿地面间的距离为 0.6m 为止。至少打入 3 根接地体，接地体之间相距 5m。用接地扁钢将接地体焊接成一体，并引到轨道上焊接牢固，最后填土夯实至沟平。

知识点 20：桥式起重机接地体所用材料

重点内容：桥式起重机接地体所用材料一般都是用钢制成，其规格为：角钢的厚度应不小于 4mm；钢管管壁厚度不小于 3.5mm；圆钢直径不小于 8mm；扁钢厚度不小于 4mm，其截面积不小于 $48mm^2$。材料不应有严重锈蚀，弯曲的材料必须矫直后方可使用。

知识点 21：桥式起重机接地体的接地电阻值

重点内容：用接地电阻仪测量桥式起重机接地体的接地电阻值，其接地电阻值以不超过 4Ω 为合格。

在 20/5t 桥式起重机上，采用了安全供电滑触线供给电源。安全供电滑触线装置的主要构成部件是导管和受电器。供电导管安装时，用悬吊夹将供电导管悬吊、固定在支架上。支架悬吊间距约为 1.5m，要求安装牢固、水平、排列整齐。

知识点 22：桥式起重机供电导管的调整

重点内容：以 20/5t 桥式起重机导轨为基础，调整其水平距离，直至误差 ≤4mm；调整导管水平高度时，以悬吊梁为基准，在悬吊架处测量并校准，直至误差 ≤2mm。

调整完毕，将受电器在导管中反复推行，重点检查接头处有无撞击阻碍现象，是否能运动自如。

知识点 23：桥式起重机安全供电滑轨线的电源接入

重点内容：进线方式有中间进线和端部进线两种，以端部进线为例，具体步骤如下

1）在导管接线处设置三相电源指示灯，然后将电源接入导管。

2）根据电路图制作电路板，并将其安装在容易观察、便于维修以及牢固无振动的物体上。

3）将电源线接入安全供电滑触线导管的铜导体上。接线完毕，用万用表检测是否有短路现象，确认完好后，在导管另一端套上封盖端帽。

知识点 24：桥式起重机限位开关的安装

重点内容：桥式起重机限位开关的安装要求：依据设计位置安装固定限位开关，限位开关的型号、规格及撞压方式要符合设计要求，以保证安全撞压、动作灵敏、安装可靠。

知识点 25：桥式起重机照明电路的安装

重点内容：桥式起重机的照明电路的电源由 380V 电源电压经隔离变压器取得 220V 和 36V，其中 220V 用于桥下照明，36V 用于桥箱控制室内照明和桥架上维修照明。同时，控制室（桥箱）内电风扇和电热取暖设备的电源也用 220V 电源。36V 也可作为警铃电源及安全行灯电源。

知识点 26：桥式起重机照明电路的安装注意事项

重点内容：

1）该电路所取得的 220V 及 36V 电源均不接地，严禁利用起重机壳体作为电源回路，严禁利用起重机壳体或轨道作为工作零线。

2）安装电器时，要考虑变压器允许的容量，变压器不得超负荷使用。

知识点 27：桥式起重机电线管路的安装

重点内容：20/5t 桥式起重机的电路敷设分为两部分，一是驾驶室内的布线，二是室外布线，二者之间通过接线端子相连接。其方法和要求是：

1）根据端子箱、驾驶室以及各电气装置的位置（端子箱安装在桥架上，以便对线、检修）测量实际距离。

2）根据导线直径和根数选择电线管规格，用卡箍、螺钉紧固或焊接方法固定。

3）电线管固定好后，穿入细钢丝，以备穿连接线用。

4）要求横平、竖直、合理、美观、牢固，并且不妨碍运动部件和操作人员活动。

知识点 28：桥式起重机连接线的敷设

重点内容：20/5t 桥式起重机连接线必须采用铜芯多股软线，而导线一般选用橡胶绝缘电线。采用多股单芯线时，截面积不小于 1.5mm^2；采用多股多芯线时，截面积不小于 1.0mm^2。

知识点 29：桥式起重机操纵室的配线

重点内容：配线的要求和方法如下

1）操纵室、控制箱内的配线，主回路小截面积导线与控制回路导线，可用塑料绝缘导线。

2）根据设计要求和实际需要的数量和长度，裁剪连接导线穿入电线管中。

3）核对导线的数量、规格，开始对线。

① 对线前准备好号码标示管，在对号的同时套好号码标示管并做线结。

② 用剥线钳剥出导线线芯，除去锈蚀和杂物，压入冷压接头后再依次接到接线端子上。

知识点30：桥式起重机线束的保护

重点内容：在电线管进、出口处，线束上应套以塑料管保护；进入接线端子箱，线束用蜡线捆扎。接线长度要适当，接线要整齐、美观、牢固。接线结束后，应再次检查，确认无误。

知识点31：桥式起重机的移动小车的组成

重点内容：20/5t 桥式起重机的移动小车上装有主副卷扬机、小车前后运动电动机及上升限位开关等。

知识点32：桥式起重机供、馈电线路的安装要求

重点内容：桥式起重机小车通常有软线和硬线两种供、馈电线路。其安装要求如下：

1）橡胶软电缆供、馈电线路采用拖缆安装方式。

① 钢支架采用 50mm×50mm×5mm 角钢或槽钢焊制而成。

② 钢缆两端固定在支架上，收紧并保持水平且与小车运动方向平等。

③ 电缆移动端与小车上支架固定连接以减少钢缆受力。钢缆上涂一层黏油以润滑、防锈。

2）硬线供、馈电线路应采用安全供电滑触线。

知识点33：桥式起重机供、馈电线路的安装步骤

重点内容：安装操作时，首先按钢支架跨度及小车运行跨度截取电缆长度（可留出相当的余量），然后截取尼龙绳。先将尼龙绳与电缆连接，再用吊环将电缆吊在钢缆上。每 2m 设一个吊装点，吊环与电缆、尼龙绳固定时，电缆上要设防护层。最后，将电缆从小车支架上引到小车上，将电缆两端与电气设备连接好。接好线后，移动小车，观察拖缆拖动情况，吊环不阻滞、电缆受力合理并且不打结即可准备试车。

知识点34：绕线式电动机转子回路导线截面的选择

重点内容：绕线式电动机转子回路导线截面的选择方法

（1）转子电刷短接　负载起动力矩不超过额定力矩 50%（轻起动）时，按

转子额定电流的35%选择截面；在其他情况下，按转子额定电流的50%选择。

（2）转子电刷不短接　按转子额定电流选择截面。转子的额定电流和导线的允许电流，均按电动机的工作制确定。

知识点35：反复短时工作制用电设备导线的允许电流

重点内容：反复短时工作制的周期时间 $T \leqslant 10\text{min}$，工作时间 $t_G \leqslant 4\text{min}$ 时，导线或电缆的允许电流按下列情况确定：

（1）截面积小于或等于 6mm^2 的铜线，以及截面积小于或等于 10mm^2 的铝线，其允许电流按长期工作制计算。

（2）截面积大于 6mm^2 的铜线，以及截面积大于 10mm^2 的铝线，其允许电流等于长期工作制允许电流乘以系数 $\dfrac{0.875}{\sqrt{\varepsilon}}$。$\varepsilon$ 为用电设备的额定相对接通率（暂载率）。

知识点36：短时工作制用电设备导线的允许电流

重点内容：短时工作制的工作时间 $t_G \leqslant 4\text{min}$，并且停歇时间内导线或电缆能冷却到周围环境温度时，导线或电缆的允许电流按反复短时工作制确定。当工作时间超过4min或停歇时间不足以使导线、电缆冷却到环境温度时，则导线、电缆的允许电流按长期工作制确定。

知识点37：线管类型的选择

重点内容：线管的选择主要是指线管类型和直径的选择。要根据敷设场所选择线管类型，如：潮湿和有腐蚀气体的场所内明敷或埋地，一般采用管壁较厚的白铁管（水煤气管）；干燥场所内明敷或暗敷，一般采用管壁较薄的电线管；腐蚀性较大的场所内明敷或暗敷，一般采用硬塑料管。

知识点38：线管直径的选择

重点内容：一般要求穿管导线的总截面（包括绝缘层）不应超过线管内径截面的40%。白铁管和电线管径可根据穿管导线的截面和根数选择。

知识点39：导线共管敷设原则

重点内容：导线共管敷设原则有

1）同一设备或生产上互相联系的各设备的所有导线（动力线或控制线）可共管敷设。

2）有联锁关系（如皮带运输机）的电力及控制回路导线可共管敷设。

3）各种电机、电器及用电设备的信号、测量和控制回路导线可共管敷设。

4）同一照明方式（工作照明或事故照明）的不同支线可共管敷设，但一根管内的导线数不宜超过8根。

5）工作照明与事故照明的线路不得共管敷设。

6）互为备用的线路不得共管敷设。

7）控制线与动力线共管，当线路较长或弯头较多时，控制线的截面应小于动力线截面的10%。

知识点40：对晶闸管调速电路的要求

重点内容：小容量晶闸管调速电路要求调速平滑，抗干扰能力强，稳定性好。

知识点41：晶闸管调速电路的主回路

重点内容：KCJ1型小容量直流电动机晶闸管调速控制电路原理如图3-5所示。整个系统由给定电压环节、运算放大器电压负反馈环节、电流截止负反馈环节组成。

晶闸管调速电路的主回路主要采用单相桥式半控整流电路，直接由220V交流电源供电。由于主回路串接了平波电抗器，故电流输出波形得到改善。

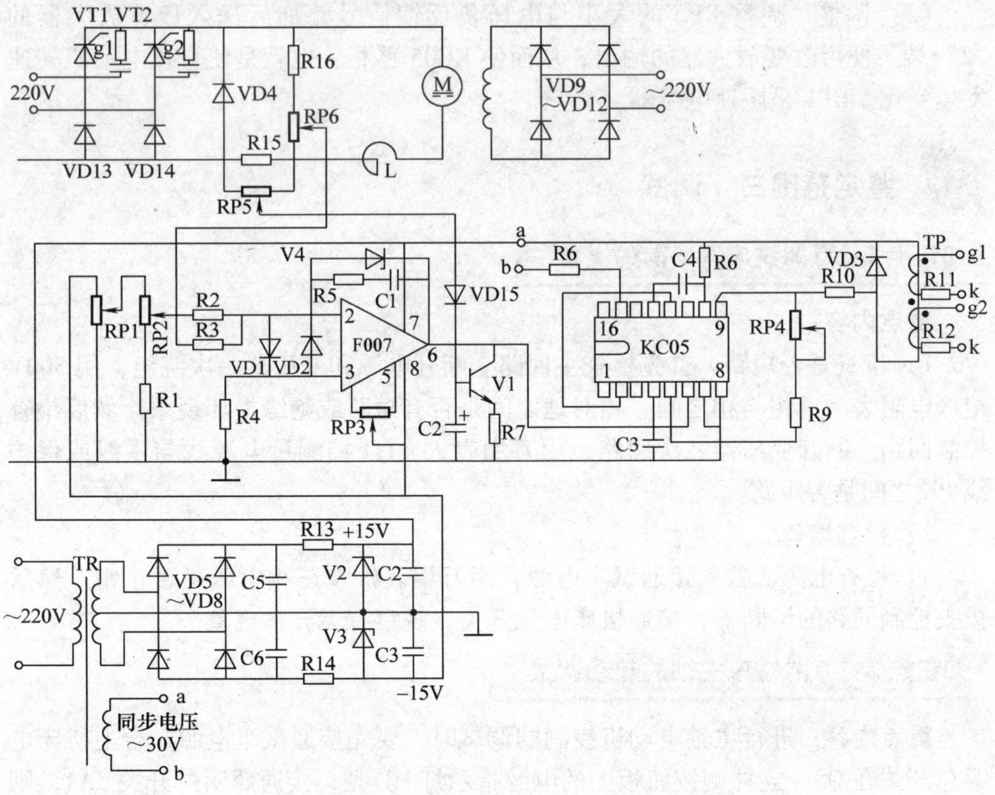

图3-5　KCJ1型小容量直流电动机晶闸管调速电路

知识点 42：晶闸管调速电路的电压负反馈环节

重点内容：电路中电压负反馈环节由 R16、R3、RP6 组成。反馈电压从电位器 RP6 取出加在放大器的输入端，与给定信号电压比较后，经放大器放大，送入集成相控触发元件 KC05。当晶闸管调速电路中采用电压负反馈后，可以补偿电枢内阻压降。

知识点 43：晶闸管调速电路的电流截止反馈环节

重点内容：

（1）作用　限制起动时产生的大冲击电流；确保系统稳定地工作。

（2）原理　信号从主电路电阻 R15 和并联的 RP5 取出，经二极管 VD15 注入 V1 的基极，VD15 起着电流截止反馈的开关作用。当负载电流大于额定电流时，R15 的压降增大，RP5 上的分压也增大，加入 V1 基极的电压增大，V1 集电极电位近似于零，即 KC05 的输入端 6 点电位下降，这样，晶闸管的导通角减小，输出的直流电压减小，电流也随之减小。

（3）调整　调整 RP2 的大小与电压负反馈信号叠加后送入运算放大器的“2”端，便可改变放大器的输出，从而使 KC05 移相，也就是使直流电动机转速发生变化。RP1 是限速电位器。

鉴定范围三：调试

知识点 1：万能铣床调试前的准备

重点内容：

1）检查是否短路。首先检查主回路。断开电源和变压器一次绕组，用 500V 绝缘电阻表测量相与相之间、相对地之间是否有短路或绝缘损坏现象；然后检查控制回路。断开变压器二次回路，用万用表 $R\times1\Omega$ 档测量电源线与零线或保护线 PE 之间是否短路。

2）检查熔丝。

3）检查电源。首先接通试车电源，用万用表检查三相电压是否正常。然后拔去控制回路的熔断器，接通机床电源开关，观察有无异常现象。

知识点 2：万能铣床主轴的起动调试

重点内容：进行主轴电动机控制的调试时，要先接通试车电源，合上机床电源总开关在 QS，立柱侧按钮板上的电源指示灯 HL 亮，接通照明灯开关 SA4，则照明灯 EL 亮。

将换向开关 SA3 拨到标示牌所指示的正转或反转方向，再按下主轴起动按钮 SB3 或 SB4（SB3 在床身立柱侧的按钮板上，SB4 在升降台的按钮板上），主轴旋转的转向要正确。如果主轴不转，检查电动机 M1 控制回路。

知识点 3：万能铣床主轴的制动调试

重点内容： 在主轴起动正常后，按下停止按钮 SB1 或 SB2（SB1 位于立柱侧，SB2 位于升降台上）。KM1 首先断电，主轴刹车离合器 YC1 得电吸合，电动机转速很快降低并停下来。元器件动作顺序为 SB1（或 SB2）按钮动作→KM1、M1 失电→KM1 常闭触点闭合→YC1 得电、主轴刹车→主轴停止转动。

知识点 4：万能铣床主轴电动机冲动控制调试

重点内容： 进行主轴变速时主轴电动机的冲动控制调试时，要先把主轴瞬时冲动手柄向下压，并拉到前面，转动主轴调速盘，选择所需要的转速，再把冲动手柄以较快速度推回原位。各元器件依次动作为 SQ7 动作→KM1 动合触点闭合接通→电动机 M1 转动→SQ7 复位→KM1 失电→电动机 M1 停止，冲动结束。

由于变速冲动时电动机是瞬时转动，所以主轴在正常运转情况下不宜直接做变速操作，必须先将主轴停车之后，再进行变速操作，以确保变速机构的安全。

知识点 5：万能铣床主轴上刀制动调试

重点内容： 进行万能铣床主轴上刀制动的调试时，为了安全起见，主轴上刀时不允许转动。把 SA2-2 打到接通位置；SA2-1 断开 127V 控制电源，主轴刹车离合器 YC1 得电，主轴不能起动。待上完刀后，把 SA2 打到正常操作位置。

知识点 6：万能铣床工作台上下、前后移动的调试

重点内容： 将 SA1 扳到“断开”位置，SA1-1 闭合，SA1-2 断开，SA1-3 闭合。将 SA2-1 扳到接通位置，操作工作台升降与横向进给手柄在不同位置来实现不同方向的进给。通过调整操作手柄联动机构及限位开关 SQ3 和 SQ4 的位置，使开关可靠地动作。

知识点 7：万能铣床工作台左右移动的调试

重点内容：

万能铣床工作台纵向（左右）移动调试时，工作台的纵向移动由“纵向操作手柄”来控制，该操纵手柄有 3 个位置：左、右及中间。当操作手柄在左时，SQ2 行程开关动作，M3 电动机反转；在右时，行程开关 SQ1 动作，M3 电动机正转；在中间时，则 M3 电动机停转，工作台停止运动。

知识点 8：万能铣床工作台进给变速时的冲动调试

重点内容： 进行万能铣床工作台进给变速时的冲动调试时，要先将蘑菇形手柄向外拉出并转动手柄，转盘也跟着转动，将所需进给速度的标尺数字对准箭头，然后将蘑菇形手柄接到极限位置，这时连杆机构压合 SQ6，M3 接通正转。因蘑菇形手柄一到极限位置随即推回原位，所以 SQ6 只是瞬时动作，M3 电动机也只能瞬时冲动，手柄推回原位，冲动即告结束。可以通过调整手柄上的撞压块或 SQ6 限位开关的位置来实现上述动作。具体调整方法是将手柄拉到极限位置，调整 SQ6，使 SQ6 的 13、14 号断开，而 14、15 号之间接通。当手柄推回时，用万用表 $R\times1\Omega$ 挡测量触点动作情况。该调整要在机床断电情况下进行，即断开开关上的连接线。

知识点 9：万能铣床工作台快速移动的调试

重点内容： 进行万能铣床工作台快速移动的调试时，在前后、左右和上下六个方向上，工作台可以由电动机 M3 拖动和快速离合器 YC3 配合来实现快速移动控制。

重点掌握其调试步骤和方法。快速移动能提高工作效率，便于对刀，它是通过点动控制进行的。调试时，必须保证当按下或松开 SB5（或 SB6）时，YC3 动作的即时性和准确性，如有异常现象，应及时停机，按以上动作顺序检查、排除。

知识点 10：万能铣床主轴停止时的快速进给的调试

重点内容： 进行万能铣床主轴停止时的快速进给的调试时，当主轴未开动的情况下，工作台在各个方向都可以作快速运动。将操作手柄扳到相应的位置，按下按钮 SB5（或 SB6），KM2 得电，其辅助触点接通 YC3，工作台就按选定的方向快进。松开按钮，工作台就停止。

知识点 11：万能铣床圆工作台的回转运动的调试

重点内容： 进行万能铣床圆工作台回转运动的调试时，主轴电动机起动后，进给操作手柄都打到零位，并将 SA1 打到接通位置，即 SA1-2 闭合，SA1-1 和 SA1-3 断开。M1、M3 分别由 KM1 和 KM3 吸合而得电运转，圆工作台也就转动起来。圆工作台只能单方向旋转。

知识点 12：万能磨床的试车调试

重点内容： 可分为机床继电控制部分的调试和工件电动机无极调速的调试，前一部分调试可参考 X6132 型万能铣床电气调试方法进行。后一部分的调试分以下几个步骤：

（1）调试前的准备　检查接线是否正确，印制电路插件插接是否牢靠，测量控制电路所有交直流电源电压是否符合规定值，并熟悉主要调试元件的位置。

（2）试车调试　将 SA1 开关转到“试”的位置，中间继电器 KA1 接通电位器 RP6，调节电位器 RP6 使转速达到 200~300r/min，将 RP6 封住。

知识点 13：万能磨床电动机空载通电调试

重点内容： 进行 MGB1420 型万能磨床电动机空载通电的调试时，应将 SA1 开关转到“开”的位置，中间继电器 KA2 接通，其常闭触点切断能耗制动电路，常开触点接通电动机的电枢电路，并把调速电位器 RP1 接入电路，慢慢转动 RP1 旋钮，使给定电压信号逐渐上升，电动机速度应平滑上升，无振动、无噪声等异常情况。否则反复调节 RP5，直至最佳状态为止。

知识点 14：万能磨床电流截止负反馈电路的调整

重点内容： 进行 MGB1420 型万能磨床电流截止负反馈电路的调整时，由于工件电动机的功率为 0.55kW，额定电流为 3A，将截止电流调至 3×1.4=4.2A 左右。把电动机转速调到 700~800r/min 的范围内，加大电动机负载使电流值达到额定电流的 1.4 倍，调节电位器 RP2，到电动机停止转动为止。

知识点 15：万能磨床电动机转数稳定的调整

重点内容： 进行万能磨床电动机转数稳定的调整时，要先调节 RP5 可调节电压微分负反馈，以改善电动机运转时的动态特性。V19、R26 组成电流正反馈环节，R29、R36、R28 组成电压负反馈电路。调节 RP3 便可调节电流正反馈强度。以上都可以起到稳定电动机转速的作用。

知识点 16：万能磨床触发电路中电容器的选择

重点内容： 方法是：电容器 C 的选择范围一般是 0.1~1μF。一般触发大容量的晶闸管时 C 应选大一些的，如晶闸管是 50A 或 100A 的，C 应选 0.47μF。

知识点 17：万能磨床触发电路中放电电阻的选择

重点内容： MGB1420 型万能磨床触发电路中的放电电阻的选择

1）R_{b1}太小，使放电太快，尖顶脉冲太窄，由于晶闸管导通需要一定的时间，需要触发脉冲有一定的宽度。所以脉冲太窄就不易使晶闸管触发导通。

2）但 R_{b1} 又不可选得太大。因为在单结晶体管的 eb1 未导通时，电源加在 b_2b_1 间也有约为几毫安的电流。它在 R_{b1} 上产生的压降如果较大，这个电压加在晶闸管控制极上就可能导致晶闸管误触发。

知识点 18：万能磨床触发电路中温度补偿电阻的选择

重点内容： 万能磨床触发电路中温度补偿电阻 R_{b2}一般选 300~400Ω 左右。要求温度补偿较好时可用实验方法来确定 R_{b2}的大小。

知识点 19：桥式起重机绝缘检查

重点内容：用 500V 绝缘电阻表测量 20/5t 桥式起重机电气线路的绝缘电阻，要求该阻值不低于 0.5MΩ，潮湿天气不低于 0.25MΩ。

知识点 20：桥式起重机过电流继电器电流值的整定

重点内容：进行桥式起重机过电流继电器电流值的整定时，要检查过电流继电器的电流值整定情况，整定总过电流继电器 K4 的电流值为全部电动机额定电流之和的 1.5 倍；各个分过电流继电器电流值整定在各自所保护的电动机额定电流的 2.25 ~ 2.5 倍。

知识点 21：桥式起重机小车运行电动机定子回路测试

重点内容：对电动机定子回路的调试时，要按照 20/5t 桥式起重机的小车运行控制电路进行调试，在断电情况下，顺时针方向扳动凸轮控制器操作手柄，同时用万用表 $R\times1\Omega$ 挡测量 2L3-W 及 2L1-U，在 5 挡速度内应始终保持导通；逆时针扳动手柄，在 5 挡速度内测量 2L3-U 及 2L1-W，也应始终处于接通状态。把手柄置中间“零”位，则 2L1、2L3 与 U、W 均应断开。

知识点 22：桥式起重机小车运行电动机转子回路测试

重点内容：在断电情况下扳动手柄，测量电阻器的短路情况。沿正方向旋转手柄变速，将 R1 ~ R6 各点之间逐个短接，用万用表 $R\times1\Omega$ 挡测量。当转动 5 个挡位时，要求 R5、R4、R3、R2、R1 各点依次与 R6 点短接。反向转动手柄，短接情况相同。这样就能逐级调节电动机转速并输出转矩。

知识点 23：桥式起重机零位起动校验

重点内容：首先在断电情况下将各保护开关置正常工作状态（全部为闭合）。把凸轮控制器置“零”位。短接 KM 线圈，用万用表测量 L1 ~ L3。当按下起动按钮 SB 时应为导通状态。然后松开 SB，手动使 KM 压合，在零位时，测试 L1 ~ L3 仍然导通，这样“零”位起动就有了保障。如果把凸轮控制器从“零”位扳开，用同样的方法测量，L1 ~ L3 应不通，也就是起重机非零位不能起动。

知识点 24：桥式起重机保护功能校验

重点内容：保护功能校验前面的步骤与零位起动校验相同，短接 KM 辅助触点和线圈接点，用万用表测量 L1 ~ L3 应导通，这时手动断开 SA1、SQ1、SQ_{FW}、SQ_{BW} 任一个（正向旋转凸轮控制器时，假设小车向前运动，触压 SQ_{FW} 使其动触点断开，反之 SQ_{BW} 触点断开），L1 ~ L3 应断开，这就实现了保护功能。

知识点 25：桥式起重机主钩上升控制的通电调试

重点内容：进行桥式起重机主钩上升控制的最后调试即主钩上升控制的第三步调试时，要将电动机接入线路。

首先应断开电源，将断开的电动机与磁力控制盘的连接线重新连接好后，接通电源，开始调试。重点掌握通电调试步骤。

知识点 26：桥式起重机主钩上升控制的最后调试

重点内容：为确保安全，在调试时，可首先将主钩上升极限位置限位开关下调到某一位置，确认限位开关保护功能正常后，再恢复到正常位置。

知识点 27：桥式起重机主钩下降控制的调试

重点内容：主钩下降控制电路的调整同样也分三步进行。第一步与主钩上升控制电路调整的第一步完全相同；第二步是检验线路连接与确认各电器件动作；第三步是电动机主钩下降空载试车。

主钩下降控制线路的检验与动作确认。首先在电源断开情况下，将电动机连接线断开并妥善处理，防止碰线或短路。然后接通电源开关 SQ1、SQ2 及 SQ3，接通试车电源。

知识点 28：桥式起重机电动机主钩下降控制的空载试车调整

重点内容：桥式起重机电动机主钩下降控制的空载试车调整步骤和方法与主钩下降控制线路的检验与动作确认大致相同，现将主要调试要点和注意事项说明如下

1）在下降方向，第一挡、第二挡、第三挡均为制动挡。电磁制动器 YA 在第一挡位“C”（准备挡）时没有松开，到第二挡、第三挡时才松开，所以在第一挡不允许停留时间过长，最长不得超过 3s。

2）在下降方向的三个制动挡位时，对电动机供给正向电压，当空载或负载过轻时，不但不能下降，反而会被提升。而重载时，主钩运动被反接制动控制慢速下降。因此该操作过程不允许超过 3s。

3）空载慢速下降，可以利用制动“2”挡配合强力下降“3”挡交替操纵实现控制，注意在“2”挡停留时间不宜过长。

知识点 29：桥式起重机吊钩加载试车

重点内容：加载要逐步进行，慢慢增加负载。加载过程中，应特别注意是否有异常声音、发热、打火、异味等不正常情况，特别注意电磁制动器的工作情况。加载至额定负载即告调试结束。

知识点30：较复杂机械电气设备控制线路调试前准备

重点内容：

1）熟悉工作原理，拟定调试方案。在调试前首先熟悉工作原理、电气元器件安装接线部位，然后拟定调试方案。

2）仪器、工具、材料、设备的准备。调试用仪器包括转速表、万用表、双踪示波器。工具、材料指电工工具、绝缘导线。设备指晶闸管双闭环调速直流拖动装置等。

3）调试前的检查。查元件、查电路和查绝缘。

知识点31：较复杂机械电气设备控制线路调试原则

重点内容：

1）先部件，后系统。首先对构成系统的各部件进行调试，以保证各部件性能都符合设计要求，可以正常工作。然后再进行系统调试。

2）先开环，后闭环。先将反馈断开进行调试，然后再接入反馈进行调试。

3）先内环，后外环。双闭环系统转速、电流双闭环不可逆调速系统电路图，调节时应先调内环，后调外环。

4）先阻性负载，后电机负载。先用阻性模拟负载进行调试，正常后再接入电动机进行调试。

知识点32：电气设备控制线路的开环调试

重点内容：

1）做好安全保护措施。

2）相序及相位检查。

3）控制电压测试。

4）将ST、LT插入系统。先插入ST，改变U_g，观察ST输出是否随U_g变化，再插入LT，以同样方法调试。

5）触发脉冲检查。插入触发板，用示波器观察脉冲是否送到晶闸管VT的G、K端，脉冲幅值、前沿宽度及移相是否符合电路要求。

6）整定相位。使晶闸管的触发脉冲起始相位与阳极电压相位保持一定的相位差，观察U_K信号改变时，各脉冲移动情况是否符合要求。

7）系统联调。将全部控制单元接入，且使$U_K=0$，接通电源后，观察U_d波形，如果各相波形间隔均匀，幅值整齐，则可慢慢调高U_K，使U_d慢慢上升。若U_d的波形有平滑连续地跟随U_K变化，则说明系统开环正常。

知识点 33：电气设备控制线路的闭环调试

重点内容：

（1）电流（内环）调试

1）电流负反馈极性测定。先将反馈断开，让电枢回路通过一个小电流，然后反馈信号往 LT 的输入端瞬间点一下。如果电枢电流立即减小，则表示极性正确，否则，极性接反。

2）反馈强度整定。缓缓增加 U_g，注意电流变化情况，直到 I_g 达到最大允许值并且稳定。

调节 RP3 可以整定反馈强度。例如，使电枢电流等于额定电流 1.4 倍时，调节 RP3 使电动机停下来。

（2）速度环（外环）调试

1）极性测定。测定方法和电流环相同。

2）反馈强度整定。为了提高调速精度，调节 RP2 便可以调节测速反馈电压的大小。

3）粗调。

鉴定范围四：绘制

知识点 1：测绘前的准备

重点内容：在测绘前，先要全面了解测绘对象，了解原线路的控制过程、控制顺序、控制方法、布线规律、连接形式等有关内容，根据测绘需要准备相应的测量工具和测量仪器等。

知识点 2：电气测绘的一般要求

重点内容：电气测绘的一般要求如下：

1）徒手绘制草图。即用简明的符号和线条徒手画出电气控制元件的位置关系、连接关系、线路走向等，可不考虑遮盖关系。

2）测绘原则。测绘时一般都是先测绘主线路，后测绘控制线路；先测绘输入端、再测绘输出端；先测绘主干线，再依次按节点测绘各支路；先简单后复杂，最后要一个回路一个回路地进行。

知识点 3：电气测绘注意的事项

重点内容：

1）电气测绘前要检验被测设备或装置是否有电，不能带电作业。确实需要带电测量的，必须采取必要的防范措施。

2）要避免大拆大卸，对去掉的线头要做记号或记录。

3）两人以上协同操作时，要注意协调一致，防止发生事故。

4）由于测绘判断的需要，确定要开动机床或设备时，一定要断开执行元件或请熟练的操作工操作，同时需有监护人负责监护。对于可能发生的人身或设备事故，一定要有防范措施。

5）测绘中若发现有掉线或接线错误时，首先做好记录，不要随意把掉线接到某个电气元件上，应照常进行测绘工作，待原理图出来后再去解决问题。

知识点 4：测绘 CA6140 安装接线图

重点内容：电气控制在主轴转动箱的后下方，主轴控制在溜板箱正前方，刀架快速移动控制在中滑板右侧操作手柄上，机床电源开关和水泵控制在机床左前方。

打开电气控制箱门，可以看到机床控制板上各电器的位置分布，由此可进行电气测绘。先按照国际电气图形符号、文字代号等画出电气安装接线图，然后将各电器上连线的线号依次标注在图中，没有线号的线用万用表测量确认连接关系后补充新线号，经整理后可就绘出 CA6140 型车床电气安装接线图。

知识点 5：测绘 CA6140 主线路图

重点内容：三相交流电源 L1、L2、L3 通过电源开关 QS 引入端子板 U，V，W，并分别接到接触器 KM1 和熔断器 FU1 上，从接触器 KM1 出来后接到热继电器 FR1，然后到端子板 U1、V1、W1 与主轴电机 M1 相连接。由此得到了主轴电动机 M1 的主线路。采用同样的方法顺着主线和线号可以得到刀架快速移动电动机 M3 和水泵电机 M2 的主线路。

知识点 6：测绘主线路图

重点内容：控制线路的电源是通过控制变压器 TC 引入到熔断器 FU2，经过串联在一起的热继电器 FR1 和 FR2 的辅助触点接到端子板 6 号线。6 号线分三路分别接到主轴停止按钮 SB1、刀架快速移动按钮 SB3 和水泵控制开关 SA 上。主轴起动按钮 SB2 经端子板 7 号线与主轴停止按钮 SB1 的另一端相连，SB2 另一端经端子板 8 号线接 KM1 的线圈，KM1 的自锁触点与 SB2 接点并联。刀架快速移动是通过控制开关 SB3 另一端经端子板 9 号线和接触器 KM3 的线圈相连。对水泵的控制是通过控制开关 SA 与接触器 KM1 的常开触点串联后接到 KM2 的线圈。通电指示灯 HL 直接接至熔断器 FU3 端，照明灯 EL 通过开关 SA2 接至熔断器 FU4。公共控制回路线是 0 号线。

第四部分

操作技能考试指导

一、技能操作重点指导

1. 掌握继电接触式控制电路的安装工艺。
2. 掌握电子电路的安装与调试工艺。
3. 掌握机床电气控制电路的检修工艺。
4. 掌握常见仪表、仪器的使用要点。

1. 继电接触式控制电路的安装与调试

电气设备控制线路的安装与调试是维修电工在备料的基础上，运用已有理论知识和基本技能，根据电气图样的技术要求，进行完成元器件组合和有关技术参数调整的工作。

电气设备控制电路是根据生产机械设备的需要而进行设计的，所以电路的复杂程度也有所不相同，但是这些控制电路都是由基本控制电路环节组成。如起动、停止、反转制动、调速线路等，依据维修电工中级职业资格标准要求，控制电路需要完成双环节基本控制电路的安装与调试或单环节比较复杂控制电路的安装与调试。

（1）继电接触式控制电路安装与调试的基本步骤

基本步骤描述 选用元器件及导线→电器元件检查→固定元器件→布线→安装电动机并接线→连接电源→自检→交验→通电试车

（2）基本操作工艺

1）检查元器件质量。检查接触器、时间继电器、热继电器和熔断器等元器件外观是否有损坏；检查元器件技术数据是否与实际相符合；检查元器件机械部分是否灵活。

2）元器件安装符合要求。

3）板前明线布线的工艺要求

① 布线通道应尽可能少，同时并行导线按主、控电路分类集中，单层密排，紧贴安装面布线。

② 同一平面的导线应高低一致或前后一致，不能交叉。非交叉不可时，该根导线应在接线端子引出时，就水平架空跨越，但必须走线合理。

③ 布线应横平竖直，分布均匀，变换走向时应垂直。

④ 布线时严禁损伤线芯和导线绝缘。

⑤ 布线顺序一般以接触器为中心，由里向外，由低至高，先控制电路，后主电路的顺序进行，以不妨碍后续布线为原则。

⑥ 在每根剥去绝缘层导线的两端套上编码套管，所有从一个接线端子（或接线桩）到另一个接线端子（或接线桩）的导线必须连续，中间无接头。

⑦ 导线与接线端子或接线桩连接时，不得压绝缘层、不反圈及不露铜过长。

⑧ 同一元件、同一回路的不同接点的导线间距离应保持一致。

⑨ 一个电器元件的接线端子上的连接导线不得多于两根，每节接线端子板上的连接导线一般只允许连接一根。

4）进行板前线槽配线的工艺要求

① 安装走线槽时，应先做到横平竖直，排列整齐匀称，安装牢固和便于走线等。

② 按电路图进行板前线槽配线，并在导线端部套编码套管和冷压接线头。板前线槽配线的具体工艺要求是：

a. 所有导线的截面积在等于或大于0.5mm^2时，必须采用软线。考虑机械强度的原因，所用最小截面积，在控制箱外为1mm^2，在控制箱内为0.75mm^2。但对控制箱内很小电流的电路连线，如电子逻辑线路，可用0.2mm^2，并且可以采用硬线，但只能用于不移动又无振动的场合。

b. 布线时，严禁损伤线芯和绝缘导线。

c. 各电气元器件接线端子引出导线的走向，以元器件的水平中心线为界线，在水平中心线以上接线端子引出的导线，必须进入元器件上面的行线槽；在水平中心线以下接线端子引出的导线，必须进入元器件下面的行线槽。任何导线都不允许从水平方向进入行线槽。

d. 各电器元件接线端子上引入或引出的导线，除间距很小和元器件机械强度很差时允许直接架空敷设外，其他导线必须经过行线槽进行连接。

e. 进入行线槽内的导线要完全置于行线槽内，并应尽可能避免交叉，装线不得超过其容量的70%，以便能盖上行线槽盖和以后的装配及维修。

f. 各电气元器件与行线槽之间的外露导线应走线合理，并应尽可能做到横平竖直，变换走向要垂直。同一个元件上位置一致的端子上引出或引入的导线，要敷设在同一平面上，并应做到高低一致或前后一致，不得交叉。

g. 所有接线端子、导线接头上都应套有与电路图上相应接点线号一致的编码套管，并按线号进行连接，连接必须可靠，不得松动。

h. 在任何情况下，接线端子必须与导线截面和材料性质相适应。当接线端子不适合连接软线或截面较小的软线时，可以在导线端头穿上针形或叉形扎头并压紧。

i. 一般一个接线端子只能连接一根导线，如果采用专门的设计的端子，可以连接两根或多根导线，但导线的连接方式，必须是公认的、在工艺上成熟的方式，如夹紧、压接、焊接、绕接等，并应严格按照连接工艺的工序要求进行。

2. 电子电路的安装与调试

（1）分立元器件模拟电子电路焊接工艺

对简单的分立元器件模拟电子电路进行安装和调试时，应遵循如下步骤：

1）分析电路的工作原理。

2）按元器件明细表配齐元器件。用万用表、电容表等仪表判别各电子元器件的性能和好坏。

3）清除元器件引脚、连接导线端及印制电路板的氧化层，并搪锡。

4）设计元器件在印刷电路板上布局，安装元器件，经确认无误后进行焊接。

5）认真检查焊接安装完毕的电子电路。发现问题及时纠正。

6）接通电源进行调试。

（2）集成电路的焊接方法

集成电路的焊接方法除掌握分立元器件的焊接方法外，还应掌握以下几点：

1）工作台必须覆盖有可靠接地线的金属薄板；所使用的电烙铁，最好用20W内热式并应可靠地接地。

2）集成电路不可与工作台面经常摩擦。如果集成电路的引线有短路环，则焊接集成电路前不要拿掉。

3）集成电路焊接需要弯曲时不可用力过猛。集成电路的引脚多、间距小、力学强度差，一般应最后安装集成电路。安装时，集成电路的引脚必须和电路板的插孔一一对应，对准方位后，应轻轻地将每个引角插入其对应插孔内，切忌硬插，以免将引脚折断。

4）焊接集成电路时要防止落锡过多，以防止焊点之间短路。

5）集成电路的焊接时间不宜过长，每个焊点最好用2s的时间进行焊接，连续焊接时间不超过10s。焊接时要使用低熔点焊剂，焊剂的熔点一般不要超过150℃。

6）集成电路的安全焊接顺序为：地端→输出端→电源端→输入端。

7）焊接完毕，应使用棉纱蘸适量纯酒精擦净焊接处残留的焊剂。

3. 机床线路的检修

（1）机床检修一般步骤和方法

基本步骤描述 观察故障现象→判断故障范围查找故障点→排除故障→通电试车

1）观察故障现象。当机床发生故障后，切忌盲目随便动手检修，在检修前，通过问、看、听、摸、闻来了解故障前后的操作情况和故障发生后出现的异常现象，以便根据故障现象判断出故障发生的部位，进而准确地排除故障。

2）判断故障范围。检修简单的电气控制线路时，若采取每个电器元件，每根连接导线逐一检查，也是能够找到故障点的。但遇到复杂线路时，仍采用逐一检查的方法，不仅需耗费大量的时间而且也容易漏查。在这种情况下，根据电器的工作原理和故障现象，采用逻辑分析确定故障可能发生的范围，提高检修的针对性，可达到既准又快的效果。

3）查找故障点。在确定了故障范围后，通过选择合适的检修方法查找故障点。常用的检修方法有：直观法、电压测量法、电阻测量法、短接法、试灯法、波形测试法等。查找故障必须在确定的故障范围内，顺着检修思路逐点检查，直到找出故障点。

4）排除故障。找到故障点后，就要进行故障排除，如更换元件设备、紧固线头修补等。对更换的新元件要注意尽量使用相同规格、型号，并进行性能检测，确认性能完好后方可替换。特别是熔体要更换相同规格型号，不得随意加大规格。在故障排除中还要注意周围的元件导线等，不可再扩大故障。

5）通电试车。故障排除后，应重新通电试车检查机床的各项操作，必须符合技术要求。

上述的五个步骤中，重点是判断故障范围和查找故障点这两个步骤。

（2）操作要点

1）发现熔断器熔断故障后，不要急于更换熔断器的熔丝，而应仔细分析熔断器熔断的原因。如果是负载电流过大或有短路现象，应进一步查出故障并排除后，再更换熔断器熔丝；如果是容量选小了，应根据所接负载重新核算选用合适的熔丝；如果是接触不良所引起的，应对熔断器座进行修理或更换。

2）如果查出是电动机、变压器、接触器等出了故障，可按照前面学过的方法进行修理。对按钮、开关等电器，这里没有直接介绍修理方法，但由于它们都属于触点开关式电器，可参照其他触点电器的修理方法进行修理。如果损坏严重无法修理，则应更换新的。

3）为了减少设备的停机时间，也可先用新的电器将故障电器替换下来再修。

4）对于接触器主触点“熔焊”粘死故障，这很可能是由于负载短路造成的，一定要将负载的问题解决后再试验。

4. 仪器仪表的使用与维护

（1）功率表的使用与维护

1）机械调零。功率表应放置在坚固平整的桌面上，使用前应先进行机械调零。

2）正确选择量程。由于功率表的功率量程实质上由电流量程和电压量程来决定，所以要求功率表的电流量程要略大于被测电流；电压量程略高于被测电压；功率量程大于被测功率；三者必须同时满足。

3）正确接线。功率表的接线方式有两种：电压线圈前接和电压线圈后接。

4）正确读数

① 先求分格常数：

a. 如果功率表内部附有分格常数表，可通过查表得到在不同电流、电压量程时的分格常数 C。

b. 分格常数 C 也可按下式计算：

$$C=\frac{\text{电压量程}\times\text{电流量程}}{\text{满刻度的格数}}$$

② 求被测功率 P：　　　$P=\text{分格常数}\times\text{指针偏转格数}$

操作完毕，经考评员同意后才能切断电源，拆除引线，清理现场，各仪表放归原处。

（2）普通示波器的使用　使用普通示波器观察波形的步骤如下：

1）使用之前要先检查仪器的熔丝是否完好，面板上各旋钮有无损坏，转动是否灵活。

2）将电源插头插到220V交流电源上。打开电源开关，指示灯应发亮，表明仪器进入预备工作状态，预热5min后才能正常使用。

3）调节“辉度”旋钮，使亮度适中。光点不宜太亮，也不宜长时间停留在一点上，以免影响示波管的使用寿命。

4）调节“聚焦”旋钮，使屏幕上呈现的光点直径不大于1mm。

5）调节“X轴位移”和“Y轴位移”旋钮，把光点调到屏幕正中位置。

6）当Y轴输入信号时，应将被测信号接在“Y轴输入”和“接地”端，再根据被测信号幅度，选择适当的“Y轴衰减”挡位。

7）在观测Y轴输入信号的波形时，应取机内扫描，将“X轴衰减”置于“扫描”位置，然后将“扫描范围”置于所选择的频率挡。扫描频率应根据“Y轴输入电压的频率为扫描频率的整数倍”这个原则来选择，该倍数就是能在荧光屏上看到完整被测波形的个数。

8）为使波形稳定，扫描信号必须由输入信号整步。当Y轴输入信号时，“整步选择”旋钮应置于“内+”或“内-”挡。先调节“扫描微调”，使波形趋于稳定，再调节“整步增幅”，适当增大整步电压，即可使波形稳定。

9）如需观测220V工频交流电波形时，可将“试验电压”和“Y轴输入”的两个端钮用导线连接起来。此时，试验电压由机内电源变压器上6.3V、50Hz电源提供，整步选择应置于电源挡。

二、重点试题指导

1. 掌握继电接触式控制电路的安装技能。
2. 掌握电子电路的安装与调试技能。
3. 掌握机床电气控制线路的检修技能。
4. 掌握常见仪表、仪器的使用技能。

试题一：用软线进行通电延时带直流能耗制动的Y-△起动控制电路的安装与调试

1. 电路图

电路图如图4-1所示。

2. 原理分析

本电路时间继电器为通电延时，电路由桥式整流、能耗制动、Y-△减压起动的控制电路所组成。电路的工作原理如下：起动时合上电源开关QS，按下起动按钮SB2，接触器KM1、KM3、KT线圈获电吸合，接触器KM1、KM3主触头闭合，电动机M以Y联结起动。经过一定延时，KT动断触头延时闭合，KM2线圈获电吸合，电动机M以△联结运行。能耗制动时，按下停止按钮SB1，接触器KM1线圈断电释放，KM1主触头断开，电动机M断电惯性运转；接触器KM3、KM4线圈获电吸合，KM3、KM4主触头闭合，电动机M以Y联结进行桥式整流能耗制动。

3. 考前准备

仪器仪表及元器件见表4-1。

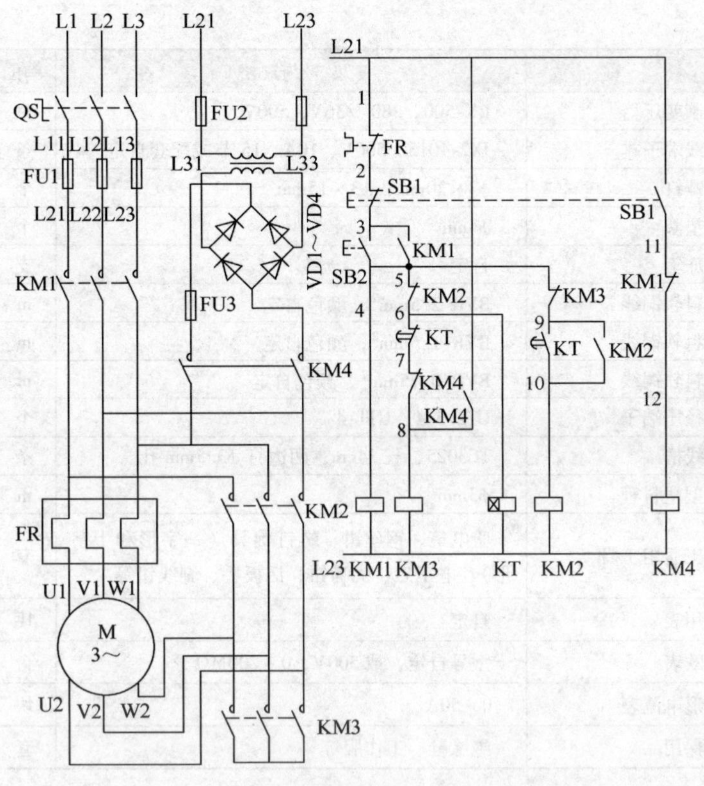

图 4-1　通电延时带直流能耗制动的Y-△起动的控制电路

表 4-1　仪器仪表及元器件

序号	名　　称	型号与规格	单位	数量	备注
1	三相四线电源	~3×380/220V、20A	处	1	
2	单相交流电源	~220V 和 36V，5A	处	1	
3	三相电动机	Y112M-4，4kW、380V、△联结或自定	台	1	
4	配线板	500mm×600mm×20mm	块	1	
5	组合开关	HZ10-25/3	个	1	
6	交流接触器	CJ10-20，线圈电压 380V	只	4	
7	热继电器	JR16-20/3，整定电流 10～16A	只	1	
8	时间继电器	JS7-4A	只	1	
9	熔断器及熔芯配套	RL1-60/20	套	3	
10	熔断器及熔芯配套	RL1-15/4	套	2	
11	三联按钮	LA10-3H 或 LA4-3H	个	2	
12	整流二极管	2CZ30，30A，600V	只	4	

（续）

序号	名　称	型号与规格	单位	数量	备注
13	控制变压器	BK-500，380V/36V，500W	只	1	
14	接线端子排	JX2-1015，500V、10A、15 节或配套自定	条	1	
15	木螺钉	$\phi3\times20$mm；$\phi3\times15$mm	个	30	
16	平垫圈	$\phi4$mm	个	30	
17	圆珠笔	自定	支	1	
18	塑料软铜线	BVR-2.5mm^2，颜色自定	m	20	
19	塑料软铜线	BVR-1.5mm^2，颜色自定	m	20	
20	塑料软铜线	BVR-0.75mm^2，颜色自定	m	5	
21	别径压端子	UT2.5-4，UT1-4	个	20	
22	行线槽	TC3025，长 34cm，两边打 $\phi3.5$mm 孔	条	5	
23	异型塑料管	$\phi3$mm	m	0.2	
24	电工通用工具	验电笔、钢丝钳、螺钉旋具（一字形和十字形）、电工刀、尖嘴钳、活扳手、剥线钳等	套	1	
25	万用表	自定	块	1	
26	兆欧表	型号自定，或 500V、0～200MΩ	台	1	
27	钳形电流表	0～50A	块	1	
28	劳保用品	绝缘鞋、工作服等	套	1	

4. 操作步骤

基本操作步骤描述　电气元器件检查 → 阅读电路图 → 元器件摆放、固定 → 布线 → 试车

步骤 1：电器元器件检查

检查电路图、配电板、行线槽、导线、各种元器件、三相异步电动机是否备齐，所用元器件是否合格。

步骤 2：阅读电路图

为保证接线准确，考生要仔细阅读电路图，读图时要对电路图进行标号。

步骤 3：元器件摆放与固定

友情提示：首先确定交流接触器位置，进行水平放置，然后逐步确定其他电器。元器件布置要整齐、匀称、合理。

然后用划针确定位置，再进行元器件安装固定。元器件要先对角固定，不能一次拧紧，待螺钉上齐后再逐个拧紧。

步骤 4：布线

步骤 5：带负载试运转

空载试运转正常后要进行带负载试运转。

友情提示：安装完毕的控制电路板，必须认真检查后，经过考评员同意后才能通电试车。在通电试运转时，应认真执行安全操作规程的有关规定，一人监护，一人操作。

① 空载试运转时接通三相电源，合上电源开关，用试电笔检查熔断器出线端，氖管亮表示电源接通。依次按动正反转按钮，观察接触器动作是否正常，经反复几次操作，正常后方可进行带负载试运转。

② 带负载试运转正常，经考评员同意后要断开电源，整理考场。

友情提示：1）时间继电器的整定时间不要调得过长，以免制动时间过长引起定子绕组发热。
2）整流二极管要配装散热器和固定散热器支架。
3）制动电阻要安装在控制板外面。
4）进行制动时，停止按钮SB2要按到底。

5. 评分标准（略）

试题二：串联型稳压电源的安装与调试

1. 电路图

电路图如图 4-2 所示。

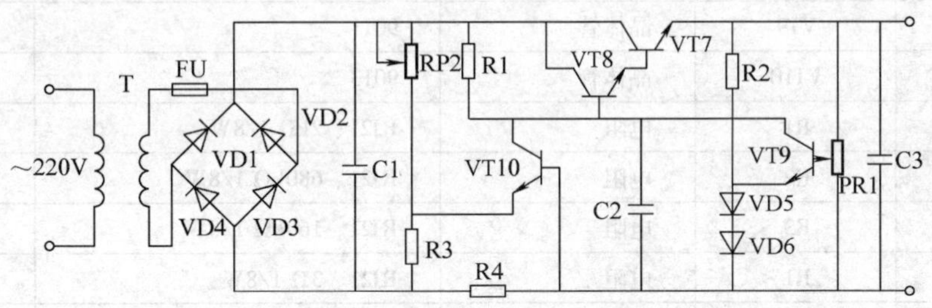

图 4-2　串联型稳压电源的电路图

2. 工作原理分析

电源变压器 T 二次侧的低压交流电，经过整流二极管 VD1 ~ VD4 整流，电容器 C1 滤波，变为直流电，输送到由复合调整管 VT7、VT8、比较放大管 VT9 及起稳压作用的硅二极管 VD5、VD6 和取样微调电位器 RP1 等组成的稳压电路。晶体管集电极与发射极之间的电压降称为管压降。复合管上的管压降是可变的，当输出电压有减小的趋势时，管压降会自动地变小；有增大趋势时则相反，从而维持输出电压不变。复合管的管压降是由比较放大管来控制的，输出电压经过微调电位器 RP1 分压，输出电压的一部分加到 VT9 的基极和地之间。由于 VT9 的发射极对地电压是通过二极管 VD5、VD6 稳定的，可以认为其不变，这个电压称为基准电压。这样 VT9 基极电压的变化就反映了输出电压的变化。此变化反应到 VT9 的集电极，直接去控制复合管的基极，使复合管的管压降发生相应的变化，从而使输出电压保持稳定。

RP2、R3、R4、VT10 组成限流式保护电路。RP2 与 R3 组成分压电路，确定晶体管 VT10 的发射极电位。

3. 考前准备

1）工具。电烙铁、验电笔、螺钉旋具、尖嘴钳、平嘴钳、斜口钳、镊子剥线钳、平头钳、钢板尺、卷尺、扳手、小刀、螺钉刀、锥子、针头等。

2）仪表。MF30 万用表或 MF47 万用表。

3）器材。三联或二联万能印刷电路板（600mm×70mm×2mm）；单股镀锌铜线 AV0.1mm^2（红色）；多股镀锌铜线 AVR0.1mm^2（白色）；松香和焊锡丝等，其数量按需要而定。电子元器件如表 4-2 所示。

表 4-2　电子元器件明细表

序　号	代　号	名　称	型号及规格	数　量
1	VD1 ~ VD4	二极管	1N4001	4
2	VD5 ~ VD6	二极管	1N4148	2
3	VT7 ~ VT8	晶体管	9013	2
4	VT9	晶体管	9011	1
5	VT10	晶体管	9013	1
6	R1	电阻	RJ21、2kΩ 1/8W	1
7	R2	电阻	RJ21、680kΩ 1/8W	1
8	R3	电阻	RJ21、160kΩ 1/8W	1
9	R1	电阻	RJ21、3Ω 1/8W	1
10	RP1	微调电位器	RJ21、1kΩ	1
11	RP2	微调电位器	RJ21、10kΩ	1
12	C1	电容	CD11、470μF/16V	1
13	C2	电容	CD11、47μF/16V	1
14	C3	电容	CD11、100μF/16V	1
15	T	电源变压器	220V/9V	1
16	FU	熔断器	0.5A	1
17		熔断器座		1

4. 操作步骤

基本操作步骤描述 检查所用电子元器件→焊接→通电调试→清理现场

步骤1：检查所用电子元器件质量及分类

检查电阻、二极管、晶体管和电容等元器件外观是否有损坏；检查电子元器件技术数据是否与实际相符合；然后用万用表粗测电子元器件的质量好坏，并将电子元器件分类标出。

步骤2：焊接方法

① 焊接电阻依据电路图确定所焊接的电阻位置→刮取电阻引脚上的氧化膜→对引脚进行搪锡→将电阻引脚整形→按照要求安装电子元件的位置，将电阻插入印制电路板孔中→采用“五步焊接方法”焊接电阻→逐步焊接全部电阻。

② 焊接电容依据电路图确定所焊接的电容位置→刮取电容引脚上的氧化膜→对引脚进行搪锡→将电容引脚整形→按照要求安装电子元器件的位置，将电容插入印制电路板孔中→采用“五步焊接方法”焊接电容→逐步焊接全部电容。

友情提示： 注意电解电容有正负极性之分；焊接时，不要弄错，而其他电容无极性之分。

③ 焊接二极管、晶体管。依据电路图确定所焊接的二极管、晶体管位置→用万用表测量，判断出二极管的正负极、晶体管的 B、E、C 管脚→将二极管、晶体管脚整形→按照要求安装电子元器件的位置→将二极管、晶体管的管脚插入印制板孔中采用“三步焊接方法”焊接二极管、晶体管→逐步焊接全部二极管、晶体管。

友情提示： 注意焊接二极管、晶体管时间要短，约控制在2~4s之内，以防烫坏二极管或晶体管。

④ 焊接连接导线。根据电路图从电源开始→确定要连接的导线→量取适当的导线长度→剥去导线两端头的绝缘→按照要求确定导线的位置→将导线插入印制电路板孔中→采用电阻的焊接法进行导线焊接。

步骤3：通电调试

① 根据电路图或接线图从电源端开始，逐步逐段校对电子元件的技术参数与电路图相对应；逐步逐段校对连接导线，检查焊点有无虚焊及外观质量。

② 分析电路图的工作原理，确定电路图中调试的关键点。

③ 不带保护电路的调试。

a. 切断保护电路，接通电源。

b. 将万用表拨至直流电压挡，测量 C3 两端的电压，调节 RP1，使电压在 3～6V 之间变化。

c. 调整输出电压为 3V，接上 30Ω 负载电阻。观察负载电阻接入前和接入后输出电压的变化应小于 0.5V 即可。

d. 断开电源。

④ 带保护电路的调试

a. 接上保护电路，接通电源。

b. 用万用表电压挡测量 R3 两端电压，改变微调电阻器 RP2，使万用表读数为 0.2V 左右，这时电源输出电流将被限制在 300mA 以内。

友情提示：注意保护电路动作的电流规定为输出电流的2～3倍。

c. 使电源处于超载状态，检查保护电路的动作情况。如果电流超出额定值，保护电路还不动作，可加大 RP2 电阻值；而当输出电流很小时，保护电路动作，则可减少 RP2 电阻值，使 V10 发射极电位适当高一些。

友情提示：调整时，不能让电源长时间处于超载状态，否则易造成调整管的损坏。

d. 断开电源，整个电路调试完毕。

步骤 4：清理现场

清扫现场，做到安全文明操作。

5. 评分标准（略）

试题三：Z37 型摇臂钻床电气控制电路的维修

1. 电气控制原理

Z37 摇臂钻床电路图如图 4-3 所示。

2. Z37 钻床常见故障分析

1）主电路常见故障分析

① 主轴电动机 M2 不能启动。首先检查电源开关 QS1、汇流环 YG 是否正常。其次，检查十字开关 SA 的触头、接触器 KM1 和中间继电器 KA 的触头接触是否良好。若中间继电器 KA 的自锁触头接触不良，则将十字开关 SA 扳到左面位置时，中间继电器 KA 吸合，然后再扳到右面位置时，KA 线圈将断电释放；若十字开关 SA 的触头（3～4）接触不良，当将十字开关 SA 手柄扳到左面位置时，中间继电器 KA 吸合，然后再扳到右面位置时，继电器 KA 仍吸合，但接触器 KM1 不动作；若十字开关 SA 触头接触良好，而接触器 KM1 的主触头接触不

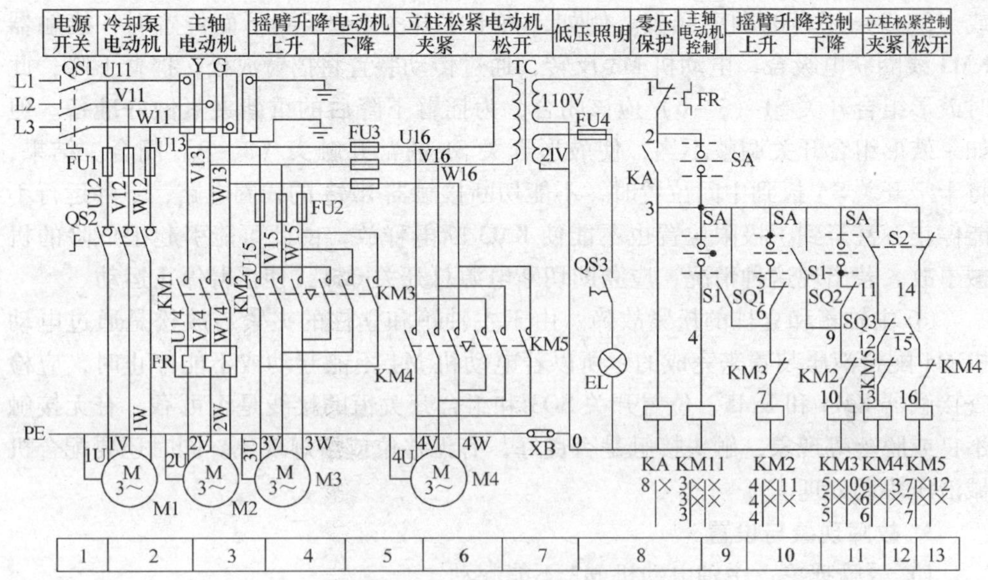

图 4-3　Z37 摇臂钻床电路图

良时，当扳动十字开关于柄后，接触器 KM1 线圈获电吸合，但主轴电动机 M2 仍然不能起动。此外，连接各电气元器件的导线开路或脱落，也会使主轴电动机 M2 不能起动。

② 主轴电动机 M2 不能停止。当把十字开关 SA 的手柄扳到中间位置时，主轴电动机 M2 仍不能停止运转，其故障原因是接触器 KM1 主触头熔焊或十字开关 SA 的右边位置开关失控。出现这种情况，应立即切断电源开关 QS1，电动机才能停转。若触头熔焊需更换同规格的触头或接触器时，必须先查明触头熔焊的原因并排除故障后进行；若十字开关 SA 的触头（3 ~4）失控，应重新调整或更换开关，同时查明失控原因。

2）控制电路常见故障分析

① 摇臂上升或下降后不能完全夹紧。故障原因是鼓形组合开关 S1 未按要求闭合。正常情况下，当摇臂上升到所需位置并将十字开关 SA 扳到中间位置时，S1（3 ~9）应早已接通，使接触器 KM3 线圈获电吸合，摇臂会自动夹紧。若因触头位置偏移，使 S1（3 ~9）未按要求闭合，接触器 KM3 不动作，电动机 M3 也就不能起动反转进行夹紧，故摇臂仍处于放松状态。若摇臂上升完毕没有夹紧作用，而下降完毕有夹紧作用，则说明 S1 的触头（3 ~9）有故障；反之则是 S1 的触头（3 ~6）有故障。另外鼓形组合开关 S1 的动、静触头弯曲、磨损、接触不良等，也会使摇臂不能夹紧。

② 摇臂升降后不能按需要停止。原因是鼓形组合开关 S1 的常开触头(3 ~6)

或（3~9）闭合的顺序颠倒。例如，将十字开关 SA 扳到下面位置时，接触器 KM3 线圈获电吸合，电动机 M3 反转，通过传动装置将摇臂放松，摇臂下降；此时鼓形组合开关 S1（3~6）应该闭合，为摇臂下降后的重新夹紧做好准备。但如果鼓形组合开关调整不当，使鼓形开关 S1 的常开触头（3~9）闭合。结果，将十字开关 SA 扳到中间位置时，不能切断接触器 KM3 的线圈电路，下降运行不能停止，甚至到了极限位置也不能使 KM3 断电释放，由此可能引起很危险的机械事故。若出现这种情况，应立即切断电源总开关 QS1，使摇臂停止运动。

③ 主轴箱和立柱的松紧故障。由于主轴箱和立柱的夹紧与放松是通过电动机 M4 配合液压装置来完成的，所以若电动机 M4 不能起动或不能停止时，应检查接触器 KM4 和 KM5、位置开关 SQ3 和组合开关恒的接线是否可靠，有无接触不良或脱落等现象，触头接触是否良好，有无移位或熔焊现象。同时还要配合机械液压协调处理。

3. 故障现象与设置

1）故障现象：主轴电动机 M2 不能起动。

2）故障设置：KM1 主触头接触不良。

4. 考前准备

1）工具：测电笔、电工刀、剥线钳、尖嘴钳、斜口钳、螺钉旋具等。

2）仪表：万用表。

3）设备：Z37 型钻床。

5. 操作步骤

基本操作步骤描述 观察故障现象，判断故障范围 → 故障分析 → 查找故障点 → 排除故障 → 通电试车

步骤 1：观察故障现象，判断故障范围

友情提示：主轴电动机M2不能起动的原因有：电源开关QS1接触不良、汇流环YG接触不正常；十字开关SA的触头、接触器KM1和中间继电器KA的触头接触不良、连接各电器元件的导线开路或脱落等。

步骤 2：用通电试验法观察故障现象，进行故障分析，确定最小故障范围

① 合上电源开关 QS1，用万用表测量电源电压为 380V，说明电源开关 QS1 正常。

② 扳动十字开关 SA 至左边位置，中间继电器 KA 获电吸合；再将十字开关 SA 扳至右边位置，接触器 KM1 吸合，但电动机 M2 不能起动。说明十字开关 SA 的触头接触良好、接触器 KM1 线圈正常，故障可能在接触器 KM1 的主触头或热

继电器的热元件处。

步骤3：查找故障点

用万用表测量接触器KM1前U13、V13和W13之间的电压正常，用万用表测量接触器KM1后U14、V14和W14之间的电压不正常。说明故障在接触器KM1的主触头处。断开电源，加外力使接触器KM1主触头闭合，用万用表电阻挡检查其电阻值，发现W13、W14电阻为无穷大，确认故障点在接触器KM1主触头的W相。

步骤4：排除故障

拆下接触器KM1主触头，发现有污物，根据故障点情况，排除故障。

步骤5：通电试车

检查钻床各项操作，直至符合技术要求为止。

友情提示： 排除故障时，必须修复故障点，严禁扩大故障范围或产生新故障；带电操作检修时，必须有指导教师监护，确保人身、设备安全。

6. 评分标准（略）

试题四：用双臂电桥测量并励直流电动机电枢绕组的电阻

1. 技术要求

用万用表估测电动机电枢绕组的电阻后，用双臂电桥准确测量出电枢绕组的实际电阻值。

2. 考前准备

直流双臂电桥（QJ44或自定）1台；万用表（500型或自定）1块；直流并励电动机（Z2—52或自定）1台；绝缘电线（BVR-4mm^2）2m。

3. 操作步骤

基本操作步骤描述 检流计调零→接入被测电阻→估测被测电阻，选择比例臂→接通电路，调节读数盘使之平衡→计算电阻值→关闭电桥→电桥保养

步骤1：打开检流计机械锁扣，调节调零器使指针指在零位

步骤2：接入被测电阻

应首先将电流端钮C1和电位端钮P1用粗铜线连接好，电流端钮C2和电位端钮P2用粗铜线连接好。将直流电动机接线盒中的电枢绕组接头拆开，并将两接头接在P1和P2之间。

友情提示：接入被测电阻时，应采用较粗较短的导线连接，接线间不得绞合，并将接头拧紧。

步骤3：估测被测电阻，选择比例臂

用万用表估测电阻值，选择适当的倍率挡。

友情提示：① 用万用表估测被测电阻值应尽量准确，倍率选择务必正确，否则会产生很大的测量误差，从而失去精确测量的意义。
② 参考经验数值：一般Z2 - 52型直流电动机电枢绕组电阻值约为0.217Ω。因此倍率选$R\times10$挡，以便获得较准确数值。

步骤4：接通电路，调节读数盘使之平衡

先按下电源按钮，再按下检流计按钮，接通电桥电路后，若检流计指针向“+”方向偏转，应增大读数盘读数；反之，则应减小读数盘读数。如此反复调节，直至检流计指针指零。

步骤5：计算电阻值

被测电阻值 = 倍率数 × 读数盘读数

步骤6：关闭电桥

先断开检流计按钮，再断开电源按钮，然后拆除被测电阻，最后锁上检流计机械锁扣。

友情提示：对于没有机械锁扣的检流计，应将按钮“G”断开。

步骤7：电桥保养

每次测量完毕后，将盒盖盖好，存放于干燥、避光、无震动的场合。

友情提示：由于双臂电桥在工作时电流较大，要求上述调节过程中动作要迅速，以免电池耗电量过大。

4. 评分标准（略）

第五部分

国家题库试题精选

理论知识试题精选

一、选择题

1. 正确阐述职业道德与人的事业的关系的选项是(　　)。
   A. 没有职业道德的人不会获得成功
   B. 要取得事业的成功，前提条件是要有职业道德
   C. 事业成功的人往往并不需要较高的职业道德
   D. 职业道德是人获得事业成功的重要条件
2. 爱岗敬业作为职业道德的重要内容，是指员工(　　)。
   A. 热爱自己喜欢的岗位　　B. 热爱有钱的岗位
   C. 强化职业责任　　D. 不应多转行
3. 市场经济条件下，(　　)不违反职业道德规范中关于诚实守信的要求。
   A. 通过诚实合法劳动，实现利益最大化
   B. 打进对手内部，增强竞争优势
   C. 根据服务对象来决定是否遵守承诺
   D. 凡有利于增大企业利益的行为就做
4. 在企业的经济活动中，下列选项中的(　　)不是职业道德功能的表现。
   A. 激励作用　　B. 决策能力　　C. 规范行为　　D. 遵纪守法
5. (　　)是企业诚实守信的内在要求。
   A. 维护企业信誉　　B. 增加职工福利
   C. 注意经济效益　　D. 开展员工培训
6. 下列事项中属于办事公道的是(　　)。
   A. 顾全大局，一切听从上级　　B. 大公无私，拒绝亲属求助
   C. 知人善任，努力培养自己　　D. 坚持原则，不计个人得失
7. 企业创新要求员工努力做到(　　)。
   A. 不能墨守成规，但也不能标新立异
   B. 大胆地破除现有的结论，自创理论体系

C. 大胆地试大胆地闯，敢于提出新问题

D. 激发人的灵感，控制冲动和情感

8. 下列选项中属于企业文化功能的是(　　)。

A. 体育锻炼　B. 整合功能　C. 歌舞娱乐　D. 社会交际

9. 职业道德对企业起到(　　)的作用。

A. 决定经济效益　B. 促进决策科学化

C. 增强竞争力　D. 树立员工守业意识

10. 下列选项中，关于职业道德与人的事业成功的关系的正确论述是(　　)。

A. 职业道德是人事业成功的重要条件

B. 职业道德水平高的人肯定能够取得事业的成功

C. 缺乏职业道德的人更容易获得事业的成功

D. 人的事业成功与否与职业道德无关

11. 职业道德活动中，对客人做到(　　)是符合语言规范的具体要求的。

A. 言语细致，反复介绍　B. 语速要快，不浪费客人时间

C. 用尊称，不用忌语　D. 语气严肃，维护自尊

12. 在市场经济条件下，职业道德具有(　　)的社会功能。

A. 鼓励人们自由选择职业　B. 遏制牟利最大化

C. 促进人们的行为规范化　D. 最大限度地克服人们受利益驱动

13. 为了促进企业的规范化发展，需要发挥企业文化的(　　)功能。

A. 娱乐　B. 主导　C. 决策　D. 自律

14. 职业道德通过(　　)，起着增强企业凝聚力的作用。

A. 协调员工之间的关系　B. 增加职工福利

C. 为员工创造发展空间　D. 调节企业与社会的关系

15. 在商业活动中，不符合待人热情要求的是(　　)。

A. 严肃待客，表情冷漠　B. 主动服务，细致周到

C. 微笑大方，不厌其烦　D. 亲切友好，宾至如归

16. 对待职业和岗位，(　　)并不是爱岗敬业所要求的。

A. 树立职业理想　B. 干一行爱一行专一行

C. 遵守企业的规章制度　D. 一职定终身，不改行

17. 下列关于勤劳节俭的论述中，正确的选项是(　　)。

A. 勤劳一定能使人致富　B. 勤劳节俭有利于企业持续发展

C. 新时代需要巧干，不需要勤劳　D. 新时代需要创造，不需要节俭

18. 企业生产经营活动中，促进员工之间平等尊重的措施是(　　)。

A. 互利互惠，平均分配　B. 加强交流，平等对话

C. 只要合作，不要竞争　　D. 人心叵测，谨慎行事

19. 在电源内部由负极指向正极，即从(　　)。

A. 高电位指向高电位　　B. 低电位指向低电位

C. 高电位指向低电位　　D. 低电位指向高电位

20. (　　) 反映导体对电流起阻碍作用的大小。

A. 电动势　B. 功率　C. 电阻率　D. 电阻

21. 电阻反映导体对(　　)起阻碍作用的大小。

A. 电压　B. 电动势　C. 电流　D. 电阻率

22. 如图 5-1 所示，不计电压表和电流表的内阻对电路的影响。开关接 3 时，电流表的电流为(　　)。

A. 0A　B. 10A

C. 0. 2A　D. 约等于 0. 2A

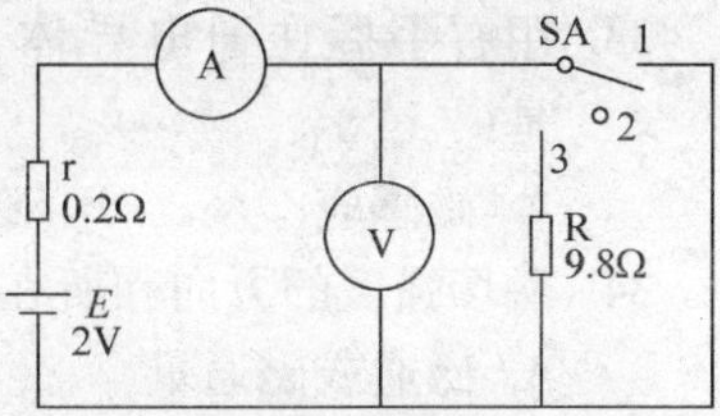

图 5-1　电路图

23. (　　)反映了在不含电源的一段电路中，电流与这段电路两端的电压及电阻的关系。

A. 欧姆定律

B. 楞次定律

C. 部分电路欧姆定律

D. 全欧姆定律

24. 部分电路欧姆定律反映了在(　　)的一段电路中，电流与这段电路两端的电压及电阻的关系。

A. 含电源　　B. 不含电源

C. 含电源和负载　　D. 不含电源和负载

25. 电路的作用是实现能量的传输和转换、信号的(　　)和处理。

A. 连接　B. 传输　C. 控制　D. 传递

26. (　　)的一端连在电路中的一点，另一端也同时连在另一点，使每个电阻两端都承受相同的电压，这种联结方式叫电阻的并联。

A. 两个相同电阻　　B. 一大一小电阻

C. 几个相同大小的电阻　　D. 几个电阻

27. 电流流过负载时，负载将电能转换成(　　)。

A. 机械能　B. 热能　C. 光能　D. 其他形式的能

28. 电位是相对量，随参考点的改变而改变，而电压是(　　)，不随考点的改变而改变。

A. 衡量　B. 变量　C. 绝对量　D. 相对量

29. (　　)的电阻首尾依次相连，中间无分支的联结方式叫电阻的串联。

A. 两个或两个以上　　B. 两个
C. 两个以上　　D. 一个或一个以上

30. 电容器并联时总电荷与各电容器上的电荷量的关系为(　　)。
A. 相等　　B. 倒数之和　　C. 成反比　　D. 之和

31. 在(　　)，磁力线由 S 极指向 N 极。
A. 磁场外部　　B. 磁体内部
C. 磁场两端　　D. 磁场一端到另一端

32. 把垂直穿过磁场中某一截面的磁力线条数叫作磁通或磁通量，单位为(　　)。
A. T　　B. Φ　　C. H/m　　D. A/m

33. 用右手握住通电导体，让拇指指向电流方向，则弯曲四指的指向就是(　　)。
A. 磁感应　　B. 磁力线　　C. 磁通　　D. 磁场方向

34. 磁场强度的方向和所在点的(　　)的方向一致。
A. 磁通或磁通量　　B. 磁导率
C. 磁场强度　　D. 磁感应强度

35. 通电直导体在磁场中所受力方向，可以通过(　　)来判断。
A. 右手定则、左手定则　　B. 楞次定律
C. 右手定则　　D. 左手定则

36. 当线圈中的磁通减小时，感应电流产生的磁通与原磁通方向(　　)。
A. 正比　　B. 反比　　C. 相反　　D. 相同

37. 正弦交流电常用的表达方法有(　　)。
A. 解析式表示法　　B. 波形图表示法
C. 相量表示法　　D. 以上都是

38. 电感两端的电压超前电流(　　)。
A. 90°　　B. 180°　　C. 360°　　D. 30°

39. 相线与相线间的电压称为线电压。它们的相位(　　)。
A. 45°　　B. 90°　　C. 120°　　D. 180°

40. Y-△减压起动是指电动机起动时，把定子绕组联结成Y联结，以降低起动电压，限制起动电流。待电动机起动后，再把定子绕组改成(　　)，使电动机全压运行。
A. YY联结　　B. Y联结　　C. △△联结　　D. △联结

41. 定子绕组串联电阻的减压起动是指电动机起动时，把电阻串联在电动机定子绕组与电源之间，通过电阻的(　　)作用来降低定子绕组上的起动电压。

A. 分流　　B. 压降　　C. 分压　　D. 分压、分流

42. 导通后二极管两端电压变化很小，锗管约为(　　)。

A. 0.5V　　B. 0.7V　　C. 0.3V　　D. 0.1V

43. 晶体管放大区的放大条件为(　　)。

A. 发射结正偏，集电结反偏

B. 发射结反偏或零偏，集电结反偏

C. 发射结和集电结正偏

D. 发射结和集电结反偏

44. 稳压二极管虽然工作在反向击穿区，但只要(　　)不超过允许值，PN结不会过热而损坏。

A. 电压　　B. 反向电压　　C. 电流　　D. 反向电流

45. 在图5-2中所示放大电路，已知 U_{CC} = 6V、$R_C = 2k\Omega$、$R_B = 200k\Omega$、$\beta = 50$。若 R_B 减小，晶体管工作在(　　)状态。

A. 放大　　B. 截止

C. 饱和　　D. 导通

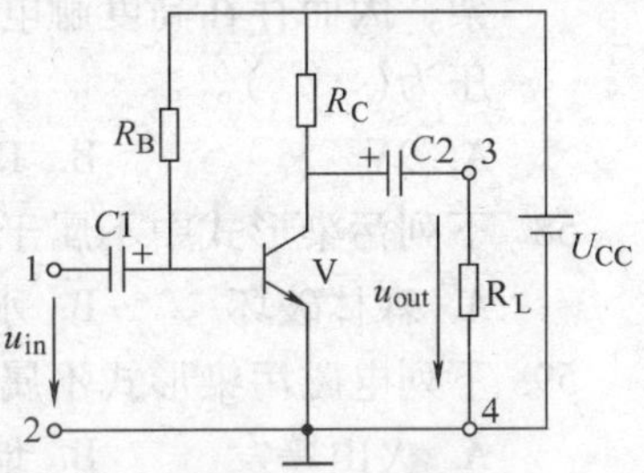

图5-2　放大电路

46. 绝缘材料的耐热等级和允许最高温度中，等级代号是1，耐热等级A，它的允许温度是(　　)。

A. 90°　　B. 105°　　C. 120°　　D. 130°

47. 电动机是使用最普遍的电气设备之一，一般在70%～95%额定负载下运行时(　　)。

A. 效率最低　　B. 功率因数小

C. 效率最高，功率因数大　　D. 效率最低，功率因数小

48. 当锉刀拉回时，应(　　)，以免磨钝锉齿或划伤工件表面。

A. 轻轻划过　　B. 稍微抬起　　C. 抬起　　D. 拖回

49. 用手电钻钻孔时，要带(　　)穿绝缘鞋。

A. 口罩　　B. 帽子　　C. 绝缘手套　　D. 眼镜

50. (　　)适用于狭长平面以及加工余量不大时的锉削。

A. 顺向锉　　B. 交叉锉　　C. 推锉　　D. 曲面锉削

51. 潮湿场所的电气设备使用时的安全电压为(　　)。

A. 9V　　B. 12V　　C. 24V　　D. 36V

52. 高压设备室外不得接近故障点(　　)以内。

A. 5m　　B. 6m　　C. 7m　　D. 8m

53. 在供电为短路接地的电网系统中，人体触及外壳带电设备的一点同站立地面一点之间的电位差称为(　　)。
A. 单相触电　　B. 两相触电
C. 接触电压触电　　D. 跨步电压触电
54. (　　)的工频电流通过人体时，就会有生命危险。
A. 0.1mA　　B. 1mA　　C. 15mA　　D. 50mA
55. 机床照明、移动行灯等设备，使用的安全电压为(　　)。
A. 9V　　B. 12V　　C. 24V　　D. 36V
56. 高压设备室内不得接近故障点(　　)以内。
A. 1m　　B. 2m　　C. 3m　　D. 4m
57. 凡工作地点狭窄、工作人员活动困难，周围有大面积接地导体或金属构架，因而存在高度触电危险的环境以及特别的场所，则使用时的安全电压为(　　)。
A. 9V　　B. 12V　　C. 24V　　D. 36V
58. 下列污染形式中不属于生态破坏的是(　　)。
A. 森林破坏　　B. 水土流失　　C. 水源枯竭　　D. 地面沉降
59. 下列电磁污染形式不属于自然的电磁污染的是(　　)。
A. 火山爆发　　B. 地震　　C. 雷电　　D. 射频电磁污染
60. 下列电磁污染形式中不属于人为的电磁污染的是(　　)。
A. 脉冲放电　　B. 电磁场
C. 射频电磁污染　　D. 磁暴
61. 噪声可分为气体动力噪声，(　　)和电磁噪声。
A. 电力噪声　　B. 水噪声　　C. 电气噪声　　D. 机械噪声
62. 收音机发出的交流声属于(　　)。
A. 机械噪声　　B. 气体动力噪声
C. 电磁噪声　　D. 电力噪声
63. 下列控制声音传播的措施中(　　)不属于个人防护措施。
A. 使用耳塞　　B. 使用耳罩　　C. 使用耳棉　　D. 使用隔声罩
64. 岗位的质量要求，通常包括操作程序，工作内容，工艺规程及(　　)等。
A. 工作计划　　B. 工作目的　　C. 参数控制　　D. 工作重点
65. 对于每个职工来说，质量管理的主要内容有岗位的质量要求、质量目标、(　　)和质量责任等。
A. 信息反馈　　B. 质量水平　　C. 质量记录　　D. 质量保证措施
66. 劳动者的基本义务包括(　　)等。

A. 遵守劳动纪律　　B. 获得劳动报酬

C. 休息　　D. 休假

67. 根据劳动法的有关规定，(　　)，劳动者可以随时通知用人单位解除劳动合同。

A. 在试用期间被证明不符合录用条件的

B. 严重违反劳动纪律或用人单位规章制度的

C. 严重失职、营私舞弊，对用人单位利益造成重大损害的

D. 用人单位以暴力、威胁或者非法限制人身自由的手段强迫劳动的

68. 劳动安全卫生管理制度对未成年工给予了特殊的劳动保护，规定严禁一切企业招收未满(　　)的童工。

A. 14 周岁　　B. 15 周岁　　C. 16 周岁　　D. 18 周岁

69. 劳动者的基本权利包括(　　)等。

A. 完成劳动任务　　B. 提高生活水平

C. 执行劳动安全卫生规程　　D. 享有社会保险和福利

70. 若被测电流不超过测量机构的允许值，可将表头直接与负载(　　)。

A. 正接　　B. 反接　　C. 串联　　D. 并联

71. 多量程的(　　)是在表内备有可供选择的多种阻值分压器的仪表。

A. 电流表　　B. 电阻表　　C. 电压表　　D. 万用表

72. 交流电压的量程有 10V、100V、500V 三挡。用毕应将万用表的转换开关转到(　　)，以免下次使用不慎而损坏电表。

A. 低电阻档　　B. 低电阻档　　C. 低电压档　　D. 高电压档

73. 多量程的电压表是在表内备有可供选择的(　　)阻值分压器的电压表。

A. 一种　　B. 两种　　C. 三种　　D. 多种

74. 为了提高被测量的精度，在选用仪表时，要尽可能使被测量值在仪表满度值的(　　)。

A. 1/2　　B. 1/3　　C. 2/3　　D. 1/4

75. 作为电流或电压测量时，(　　)级和 2.5 级的仪表容许使用 1.0 级的互感器。

A. 0.1 级　　B. 0.5 级　　C. 1.0 级　　D. 1.5 级

76. 电子仪器一起按(　　)可分为简单测量仪器、精密测量仪器、高精度测量仪器。

A. 功能　　B. 工作频段　　C. 工作原理　　D. 测量精度

77. 随着测量技术的迅速发展，电子测量的范围正向更宽频段及(　　)方向发展。

A. 超低频段　　B. 低频段　　C. 超高频段　　D. 全频段

78. 电工指示仪表的准确等级通常分为七级，它们分别为0.1级、0.2级、0.5级、1.0级、1.5级、2.5级、(　　)等。

A. 3.0级　　B. 3.5级　　C. 4.0级　　D. 5.0级

79. 电工指示仪表在使用时，通常根据仪表的准确度等级来决定用途，如(　　)仪表常用于工程测量。

A. 0.1级　　B. 0.5级　　C. 1.5级　　D. 2.5级

80. 直流系统仪表的准确度等级一般不低于1.5级，在缺少1.5级仪表时，可用2.5级仪表加以调整，使其在正常条件下，误差达到(　　)的标准。

A. 0.1级　　B. 0.5级　　C. 1.5级　　D. 2.5级

81. 对于有互供设备的变配电所，应装设符合互供条件要求的电测仪表。例如，对可能出现两个方向电流的直流电路，应装设有双向标度尺的(　　)。

A. 功率表　　B. 直流电流表　　C. 直流电压表　　D. 功率因数表

82. 电工指示按仪表测量机构的结构和工作原理分，有(　　)等。

A. 直流仪表和交流仪表　　B. 电流表和电压表

C. 磁电系仪表和电磁系仪表　　D. 安装式仪表和可携带式仪表

83. 下列电工指示仪表中若按仪表的测量对象分，主要有(　　)等。

A. 实验室用仪表和工程测量用仪表　　B. 功率表和相位表

C. 磁电系仪表和电磁系仪表　　D. 安装式仪表和可携带式仪表

84. 在电工指示仪表的使用过程中，准确度是一个非常重要的技术参数，其准确等级通常分为(　　)。

A. 四级　　B. 五级　　C. 六级　　D. 七级

85. 仪表的准确度等级的表示，是仪表在正常条件下的(　　)的百分数。

A. 系统误差　　B. 最大误差　　C. 偶然误差　　D. 疏失误差

86. 电工指示仪表在使用时，通常根据仪表的准确度等级来决定用途，如0.1级和0.2级仪表常用于(　　)。

A. 标准表　　B. 实验室　　C. 工程测量　　D. 工业测量

87. 电气测量仪表的准确度等级一般不低于(　　)。

A. 0.1级　　B. 0.5级　　C. 1.5级　　D. 2.5级

88. 与仪表连接的电流互感器的准确度等级应不低于(　　)。

A. 0.1级　　B. 0.5级　　C. 1.5级　　D. 2.5级

89. 选择仪表用互感器和仪表的测量范围时，应考虑设备在正常运行条件下，使仪表的指针尽量指在仪表标尺工作部分量程的(　　)以上。

A. 1/2　　B. 1/3　　C. 2/3　　D. 1/4

90. 电子测量的频率范围极宽，其频率低端已进入(　　)Hz 量级。

A. $10^{-1}\sim10^{-2}$　B. $10^{-2}\sim10^{-3}$　C. $10^{-3}\sim10^{-4}$　D. $10^{-4}\sim10^{-5}$

91. 读图的基本步骤有：(　　)，看电路图，看安装接线图。

A. 图样说明　B. 看技术说明　C. 看图样说明　D. 组件明细表

92. X6132 型万能铣床起动主轴时，先接通电源，再把换向开关 SA3 转到主轴所需的旋转方向，然后按起动按钮 SB3 或 SB4 接通接触器 KM1，即可起动主轴电动机(　　)。

A. M1　B. M2　C. M3　D. M4

93. X6132 型万能铣床停止主轴时，按停止按钮 SB1-1 或 SB2-1，切断接触器 KM1 线圈的供电电路，并接通主轴制动电磁离合器(　　)，主轴即可停止转动。

A. HL1　B. FR1　C. QS1　D. YC1

94. X6132 型万能铣床进给运动时，升降台的上下运动和工作台的前后运动完全由操纵手柄通过行程开关来控制，其中，用于控制工作台向后和向上运动的行程开关是(　　)。

A. SQ1　B. SQ2　C. SQ3　D. SQ4

95. X6132 型万能铣床工作台的左右运动由操纵手柄来控制，其联动机构控制行程开关 SQ1 和 SQ2，它们分别控制工作台(　　)运动。

A. 向右及向上　B. 向右及向下　C. 向右及向后　D. 向右及向左

96. X6132 型万能铣床工作台变换进给速度时，当蘑菇形手柄向前拉至极端位置且在反向推回之前借孔盘推动行程开关 SQ6，瞬时接通接触器(　　)，则进给电动机作瞬时转动，使齿轮容易啮合。

A. KM2　B. KM3　C. KM4　D. KM5

97. X6132 型万能铣床主轴起动后，若将快速按钮 SB5 或 SB6 按下，接通接触器(　　)线圈供电电路，接通 YC3 快速离合器，并切断 YC2 进给离合器，工作台按原运动方向作快速移动。

A. KM1　B. KM2　C. KM3　D. KM4

98. X6132 型万能铣床主轴上刀完毕，将转换开关扳到(　　)位置，主轴方可起动。

A. 接通　B. 断开　C. 中间　D. 极限

99. X6132 型万能铣床控制电路中，机床照明由照明变压器供给，照明灯本身(　)控制。

A. 主电路　B. 控制电路　C. 开关　D. 无专门

100. X6132 型万能铣床工作台向前(　　)手柄压 SQ3 及工作台向右手柄压 SQ1，接通接触器 KM3 线圈，即按选择方向作进给运动。

A. 向上　　B. 向下　　C. 向后　　D. 向前

101. X6132 型万能铣床主轴上刀换刀时，先将转换开关(　　)扳到断开位置确保主轴不能旋转，然后再上刀换刀。

A. SA1　　B. SA2　　C. SA3　　D. SA4

102. X6132 型万能铣床起动主轴时，先接通电源，再把换向开关 SA3 转到主轴所需的旋转方向，然后按起动按钮 SB3 或 SB4 接通接触器 KM1，即可起动主轴电动机(　　)。

A. M1　　B. M2　　C. M3　　D. M4

103. X6132 型万能铣床工作台向后、(　　)压手柄 SQ4 及工作台向左手柄压，接通接触器 KM4 线圈，即按选择方向作进给运动。

A. 向上　　B. 向下　　C. 向后　　D. 向前

104. X6132 型万能铣床停止主轴时，按停止按钮 SB1-1 或 SB2-1，切断接触器(　　)线圈的供电电路，并接通 YCl 主轴制动电磁离合器，主轴即可停止转动。

A. KM1　　B. KM2　　C. KM3　　D. KM4

105. X6132 型万能铣床工作台变换进给速度时，当蘑菇形手柄向前拉至极端位置且在反向推回之前借孔盘推动行程开关(　　)，瞬时接通接触器 KM3，则进给电动机作瞬时转动，使齿轮容易啮合。

A. SQ1　　B. SQ3　　C. SQ4　　D. SQ6

106. X6132 型万能铣床主轴起动后，若将快速按钮 SB5 或(　　)按下，接通接触器 KM2 线圈电源，接通 YC3 快速离合器，并切断 YC2 进给离合器，工作台按原运动方向作快速移动。

A. SB3　　B. SB4　　C. SB2　　D. SB6

107. 在 MGB1420 型万能磨床的冷却泵电动机控制回路中，接通电源开关 QS1 后，220V 交流控制电压通过开关 SA2 控制接触器(　　)，从而控制液压、冷却泵电动机。

A. KM1　　B. KM2　　C. KM3　　D. KM4

108. 在 MGB1420 型万能磨床的砂轮电动机控制回路中，接通电源开关 QS1 后，220V 交流控制电压通过开关(　　)控制接触器 KM1，从而控制液压、冷却泵电动机。

A. SA1　　B. SA2　　C. SA3　　D. QS3

109. 在 MGB1420 型万能磨床的工件电动机控制回路中，M 的起动、点动及停止由主令开关(　　)控制中间继电器 KA1、KA2 来实现。

A. SA1　　B. SA2　　C. SA3　　D. SA4

110. 在 MGB1420 型万能磨床的工件电动机控制回路，主令开关 SA1 扳在试挡时，中间继电器 KA1 线圈吸合，从电位器(　　)引出给定信号电压，制动回路被切断。

A. RP1　　B. RP2　　C. RP4　　D. RP6

111. 在 MGB1420 型万能磨床的自动循环工作电路系统中，通过微动开关 SQ1、SQ2，行程开关 SQ3，万能转换开关(　　)，时间继电器 KT 和电磁阀 YT 与油路、机械方面配合实现磨削自动循环工作。

A. SA1　　B. SA2　　C. SA3　　D. SA4

112. 在 MGB1420 型万能磨床晶闸管直流调速系统控制回路的辅助环节中，由(　　)、R37、R27、RP5 等组成电压微分负反馈环节，以改善电动机运转时的动态特性。

A. C2　　B. C5　　C. C10　　D. C15

113. 在 MGB1420 型万能磨床的内外磨砂轮电动机控制回路中，接通电源开关 QS1，220V 交流控制电压通过开关 SA3 控制接触器(　　)的通断，达到内外磨砂轮电动机的起动和停止。

A. KM1　　B. KM2　　C. KM3　　D. KM4

114. 在 MGB1420 型万能磨床的工件电动机控制回路中，M 的起动、点动及停止由主令开关控制中间继电器(　　)来实现。

A. KA1、KA2　　B. KA1、KA3

C. KA2、KA3　　D. KA1、KA4

115. 在 MGB1420 型万能磨床的自动循环工作电路系统中，通过微动开关 SQ1、SQ2，行程开关 SQ3，万能转换开关 SA4，时间继电器(　　)和电磁阀 YT 与油路、机械方面配合实现磨削自动循环工作。

A. KA　　B. KM　　C. KT　　D. KP

116. 在 MGB1420 型万能磨床的电气控制系统中，该系统的工件电动机的转速为(　　)。

A. 0～1100r/min　　B. 0～1900r/min

C. 0～2300r/min　　D. 0～2500r/min

117. 在 MGB1420 型万能磨床晶闸管直流调速系统的主回路中，直流电动机 M 的励磁电压由 220V 交流电源经二极管整流取得(　　)左右的直流电压。

A. 110V　　B. 190V　　C. 220V　　D. 380V

118. 在 MGB1420 型万能磨床晶闸管直流调速系统控制回路的基本环节中，(　　)为功率放大器。

A. V33　　B. V34　　C. V35　　D. V37

119. 在 MGB1420 型万能磨床晶闸管直流调速系统控制回路的辅助环节中，

V19、(　　)组成电流正反馈环节。

A. R26　　B. R29　　C. R36　　D. R38

120. 在 MGB1420 型万能磨床晶闸管直流调速系统控制回路的辅助环节中，由 C15、(　　)、R27、RP5 等组成电压微分负反馈环节，以改善电动机运转时的动态特性。

A. R19　　B. R26　　C. RP2　　D. R37

121. 在 MGB1420 型万能磨床晶闸管直流调速系统控制回路的辅助环节中，由 R29、R36、R38 组成(　　)。

A. 积分校正环节　　B. 电压负反馈电路

C. 电压微分负反馈环节　　D. 电流负反馈电路

122. 在 MGB1420 型万能磨床晶闸管直流调速系统控制回路中，V36 的基极加有通过 R19、V13 来的正向直流电压和由变压器 TC1 的二次绕组经 V6、(　　)整流后的反向直流电压。

A. V12　　B. V21　　C. V24　　D. V29

123. 在 MGB1420 型万能磨床晶闸管直流调速系统控制回路电源部分，经 V1 ~ V4 整流后再经 V5 取得(　　)直流电压，供给单结晶体管触发电路使用。

A. 7.5V　　B. 10V　　C. －15V　　D. ＋20V

124. 在 MGB1420 型万能磨床的砂轮电动机控制回路中，接通电源开关 QS1 后，(　　)交流控制电压通过开关 SA2 控制接触器 KM1，从而控制液压、冷却泵电动机。

A. 24V　　B. 36V　　C. 110V　　D. 220V

125. 在 MGB1420 型万能磨床的工件电动机控制回路中，由晶闸管直流装置(　　)提供电动机 M 所需要的直流电源。

A. FA　　B. FB　　C. FC　　D. FD

126. 在 MGB1420 型万能磨床的晶闸管直流调速系统中，该系统的工件电动机功率为(　　)。

A. 0.15kW　　B. 0.22kW　　C. 0.55kW　　D. 0.75kW

127. 在 MGB1420 型万能磨床晶闸管直流调速系统控制回路的辅助环节中，当负载电流大于额定电流 1.4 倍时，(　　)饱和导通，输出截止。

A. V38　　B. V39　　C. V29　　D. RP2

128. 在 MGB1420 型万能磨床晶闸管直流调速系统控制回路中，由控制变压器 TC1 的二次绕组经整流二极管 V6、(　　)、晶体管 V36 等组成同步信号输入环节。

A. V12　　B. V21　　C. V24　　D. V29

129. 在分析主电路时，应根据各电动机和执行电器的控制要求，分析其控制内容，如电动机的起动、(　　)等基本控制环节。

A. 工作状态显示　　B. 正反转控制
C. 电源显示　　D. 参数测定

130. 绘制电气原理图时，通常把主电路和辅助电路分开，主线路用粗实线画在辅助电路的左侧或(　　)。

A. 上部　　B. 下部　　C. 右侧　　D. 任意位置

131. 在分析较复杂电气原理图的辅助电路时，要对照(　　)进行分析。

A. 主线路　　B. 控制电路
C. 辅助电路　　D. 联锁与保护环节

132. 下列故障原因中(　　)会导致直流电动机不能起动。

A. 电源电压过高　　B. 电刷接触不良
C. 电刷架位置不对　　D. 励磁回路电阻过大

133. 直流电动机转速不正常的故障主要由(　　)等。

A. 换向器表面有油污　　B. 接线错误
C. 无励磁电流　　D. 励磁回路电阻过大

134. 直流电动机温升过高时，发现通风冷却不良，此时应检查(　　)。

A. 起动、停止是否过于频繁　　B. 风扇扇叶是否良好
C. 绕组有无短路现象　　D. 换向器表面是否有油污

135. 直流电动机滚动轴承发热的主要原因有(　　)等。

A. 轴承与轴承室配合过松　　B. 轴承变形
C. 电动机受潮　　D. 电刷架位置不对

136. 检查波形绕组短路故障时，在六极电动机里，换向器上应有(　　)烧毁的黑点。

A. 两个　　B. 三个　　C. 四个　　D. 五个

137. 检查波形绕组短路故障时，在六极电动机的电枢中，线圈两端是分接在相距(　　)的两片换向片上的。

A. 1/2　　B. 1/3　　C. 1/4　　D. 1/5

138. 直流电动机温升过高时，发现定子与转子相互摩擦，此时应检查(　　)。

A. 传动带是否过紧　　B. 磁极固定螺栓是否松脱
C. 轴承与轴配合是否过松　　D. 电动机固定是否牢固

139. 直流电动机温升过高时，发现电枢绕组部分线圈接反，此时应(　　)。

A. 进行绕组重绕　　B. 检查后纠正接线
C. 更换电枢绕组　　D. 检查绕组绝缘

140. 用试灯检查电枢绕组对地短路故障时，因试验所用为交流电源，从安全考虑应采用(　　)电压。

A. 36V　B. 110V　C. 220V　D. 380V

141. 用试灯检查电枢绕组对地短路故障时，如果灯亮，说明电枢绕组或换向器(　　)。

A. 对地短路　B. 开路　C. 接地　D. 损坏

142. 用弹簧秤测量电刷的压力时，一般电动机电刷的压力为(　　)。

A. 0.015～0.025MPa　B. 0.025～0.035MPa

C. 0.035～0.04MPa　D. 0.04～0.045MPa

143. 直流电动机因由于换向器片间云母凸出导致电刷下火花过大时，需刻下片间云母，并对换向器进行槽边(　　)。

A. 调整压力　B. 纠正位置　C. 倒角、研磨　D. 更换

144. 直流电动机因电刷牌号不相符导致电刷下火花过大时，应更换(　　)的电刷。

A. 高于原规格　B. 低于原规格　C. 原牌号　D. 任意

145. 造成直流电动机漏电的主要原因有(　　)等。

A. 电动机绝缘老化　B. 并励绕组局部短路

C. 转轴变形　D. 电枢不平衡

146. 车修换向器表面时，每次背吃刀量为0.05～0.1mm，进给量在(　　)左右。

A. 0.1mm　B. 0.15mm　C. 0.25mm　D. 0.3mm

147. 车修换向器表面时，每次背吃刀量为(　　)。

A. 0.05～0.1mm　B. 0.1～0.15mm

C. 0.2～0.25mm　D. 0.25～0.3mm

148. 车修换向器表面时，加工后换向器与轴的同轴度误差不超过(　　)。

A. 0.02～0.03mm　B. 0.03～0.35mm

C. 0.35～0.4mm　D. 0.4～0.45mm

149. 对于振动负荷或起重用电动机，电刷压力要比一般电动机增加(　　)。

A. 30%～40%　B. 40%～50%

C. 50%～70%　D. 75%

150. 采用热装法安装滚动轴承时，首先将轴承放在油锅里煮，轴承约煮(　　)。

A. 2min　B. 3～5min　C. 5～10min　D. 15min

151. 测量额定电压500V以上的直流电动机的绝缘电阻时，应使用(　　)绝缘电阻表。

A. 500V　　B. 1 000V　　C. 2 500V　　D. 3 000V

152. 直流伺服电动机旋转时有大的冲击，其原因如：测速发电机在(　　)时，输出电压的纹波峰值大于2%。

A. 550r/min　　B. 750r/min　　C. 1 000r/min　　D. 1 500r/min

153. 直流伺服电动机旋转时有大的冲击，其原因如：测速发电机在1 000r/min时，输出电压的纹波峰值大于(　　)。

A. 1%　　B. 2%　　C. 5%　　D. 10%

154. 在无换向器电动机常见故障中，出现了电动机进给有振动现象，这种现象属于(　　)。

A. 误报警故障　　B. 转子位置检测器故障

C. 电磁制动故障　　D. 接线故障

155. 电磁调速电动机校验和试车时，拖动电动机一般可以全压起动，如果电源容量不足，可采用(　　)作减压起动。

A. 串电阻　　B. △-Y联结

C. 自耦变压器　　D. 延边三角联结

156. 交磁电机扩大机在运转前应空载研磨电刷接触面，使磨合部分（镜面）达到电刷整个工作面80%以上时为止，通常需空转(　　)。

A. 0.5～1h　　B. 1～2h　　C. 2～3h　　D. 4h

157. 交磁电机扩大机补偿程度的调节时，对于负载为直流电机时，其欠补偿程度应欠得多一些，常为全补偿特性的(　　)。

A. 75%　　B. 80%　　C. 90%　　D. 100%

158. 交磁电机扩大机装配前检查换向器时，换向器与轴承挡的同轴度允差值应小于0.03mm，在旋转过程中，偏摆应小于(　　)。

A. 0.03mm　　B. 0.05mm　　C. 0.09mm　　D. 0.12mm

159. 造成交磁电机扩大机空载电压很低或没有输出的主要原因有(　　)。

A. 控制绕组断路　　B. 换向绕组短路

C. 补偿绕组过补偿　　D. 换向绕组接反

160. X6132型万能铣床主轴停车时没有制动，若主轴电磁离合器YC1两端无直流电压，则检查接触器(　　)的常闭触点是否接触良好。

A. KM1　　B. KM2　　C. KM3　　D. KM4

161. 当X6132型万能铣床工作台不能快速进给，检查接触器KM2是否吸合，如果已吸合，则应检查(　　)。

A. KM2的线圈是否断线

B. 离合器摩擦片

C. 快速按钮SB5的触点是否接触不良

D. 快速按钮 SB6 的触点是否接触不良

162. X6132 型万能铣床的全部电动机都不能起动，可能是由于(　)造成的。

A. 停止按钮常闭触点短路　　B. SQ7 常开触点接触不良

C. SQ7 常闭触点接触不良　　D. 电磁离合器 YC1 无直流电压

163. X6132 型万能铣床主轴停车时没有制动，若主轴电磁离合器 YC1 两端直流电压低，则可能因(　)线圈内部有局部短路。

A. YC1　　B. YC2　　C. YC3　　D. YC4

164. 当 X6132 型万能铣床主轴电动机已起动，而进给电动机不能起动时，接触器 KM3 或 KM4 不能吸合，则应检查(　)。

A. 接触器 KM3、KM4 线圈是否断线

B. 电动机 M3 的进线端电压是否正常

C. 熔断器 FU2 是否熔断

D. 接触器 KM3、KM4 的主触点是否接触不良

165. MGB1420 型磨床电气故障检修时，如果液压泵、冷却泵都不转动，则应检查熔断器 FU1 是否熔断，再看接触器(　)是否吸合。

A. KM1　　B. KM2　　C. KM3　　D. KM4

166. MGB1420 型磨床控制回路电气故障检修时，中间继电器 KA2 不吸合，可能是压力继电器(　)接触不良。

A. KP　　B. KA　　C. KT　　D. TA

167. MGB1420 型磨床控制回路电气故障检修时，自动循环磨削加工时不能自动停机，可能是时间继电器(　)已损坏，可进行修复或更换。

A. KA　　B. KT　　C. KM　　D. SQ

168. MGB1420 型磨床工件无级变速直流拖动系统故障检修时，观察 C3 两端的电压 u_c 的波形。如无锯齿波电压，可通过电位器(　)调节输入控制信号的电压。

A. RP1　　B. RP2　　C. RP3　　D. RP4

169. 用万用表测量门极和阴极之间正向阻值时，一般反向电阻比正向电阻大，正向几十欧姆以下，反向(　)以上。

A. 数十欧姆以上　　B. 数百欧姆以上

C. 数千欧姆以上　　D. 数十千欧姆以上

170. 工件无级变速直流拖动系统故障检修时，观察 C3 两端的电压 u_c 的波形。如无锯齿波电压，可通过电位器(　)调节输入控制信号的电压。

A. RP1　　B. RP2　　C. RP3　　D. RP4

171. 晶闸管调速电路常见故障中，工件电动机不转，可能是(　)。

A. 晶体管 V35 漏电流过大　　B. 晶体管 V37 漏电流过大

C. 电流截止负反馈过强　　D. 晶体管已经击穿

172. 在测量额定电压为500V以上的电气设备的绝缘电阻时，应选用额定电压为(　)的兆欧表。

A. 500V　B. 1 000V　C. 2 500V　D. 2 500V以上

173. 在测量额定电压为500V以下的线圈的绝缘电阻时，应选用额定电压为(　　)的兆欧表。

A. 500V　B. 1 000V　C. 2 500V　D. 2 500V以上

174. 用万用表测量测量门极和阴极之间正向阻值时，一般反向电阻比正向电阻大，正向(　)，反向数百欧姆以上。

A. 几十欧姆以下　B. 几百欧姆以下

C. 几千欧姆以下　D. 几十千欧姆以下

175. 使用PF—32数字式万用表测500V直流电压时，按下(　　)键，此时万用表处于测量直流电压状态。

A. S1　B. S2　C. S3　D. S4

176. 使用PF—32数字式万用表测50mA直流电流时，按下(　　)键，此时万用表处于测量电流状态。

A. S1　B. S2　C. S3　D. S8

177. 在对称三相电路中，可采用一只单相功率表测量三相无功功率，其实际三相功率应是测量值乘以(　　)。

A. 2　B. 3　C. 4　D. 5

178. 单臂电桥测量时，当检流计指零时，用比较臂电阻值(　)比例臂的倍率，就是被测电阻的阻值。

A. 加　B. 减　C. 乘以　D. 除以

179. 直流双臂电桥适用于测量(　　)的电阻。

A. 0.1Ω以下　B. 1Ω以下　C. 10Ω以下　D. 100Ω以下

180. 晶体管图示仪的S2开关在正常测量时，一般置于(　)位置。

A. 零　B. 中间　C. 最大　D. 任意

181. 钳形电流表按结构原理不同，可分为互感器式和(　　)两种。

A. 磁电式　B. 电磁式　C. 电动式　D. 感应式

182. 钳形电流表每次测量只能钳入一根导线，并将导线置于钳口(　　)，以提高测量准确性。

A. 上部　B. 下部　C. 中央　D. 任意位置

183. 三相两元件功率表常用于高压线路功率的测量，采用电压互感器和(　　)以扩大量程。

A. 电压互感器　B. 电流互感器

C. 并联分流电阻　　　　　　　　　D. 串联附加电阻

184. 用示波器测量脉冲信号时，在测量脉冲上升时间和下降时间时，根据定义应从脉冲幅度的(　　)和 90% 处作为起始和终止的基准点。

A. 2%　　B. 3%　　C. 5%　　D. 10%

185. 用示波器测量脉冲信号时，在测量脉冲上升时间和下降时间，根据定义从脉冲幅度的 10% 和(　　)处作为起始和终止的基准点。

A. 20%　　B. 30%　　C. 50%　　D. 90%

186. 直流电动机的转子由电枢铁心、电枢绕组及(　　)等部件组成。

A. 机座　　B. 主磁极　　C. 换向器　　D. 换向极

187. 直流电动机的单波绕组中，要求两只相连接的元件边相距约为(　　)极距。

A. 一倍　　B. 两倍　　C. 三倍　　D. 五倍

188. 直流测速发电机的结构与一般直流伺服电动机没有区别，也由铁心、绕组和换向器组成，一般为(　　)。

A. 两极　　B. 四极　　C. 六极　　D. 八极

189. 测速发电机可以作为(　　)。

A. 电压元件　　B. 功率元件　　C. 解算元件　　D. 电流元件

190. 测速发电机可做测速元件，用于这种用途的可以是(　　)精度等级的直流或交流测速发电机。

A. 任意　　B. 比较高　　C. 最高　　D. 最低

191. 测速发电机是一种将(　　)转换为电气信号的机电式信号元件。

A. 输入电压　　B. 输出电压　　C. 转子速度　　D. 电磁转矩

192. 单相桥式全控整流电路的优点是提高了变压器的利用率，不需要带中间抽头的变压器，且(　　)。

A. 减少了晶闸管的数量　　　　　B. 降低了成本

C. 输出电压脉动小　　　　　　　D. 不需要维护

193. 在单相桥式全控整流电路中，当触发延迟角 α 增大时，平均输出电压 U_d(　　)。

A. 增大　　B. 下降　　C. 不变　　D. 无明显变化

194. 由于双向晶闸需要(　　)触发电路。因此使电路大为简化。

A. 一个　　B. 两个　　C. 三个　　D. 四个

195. 用快速熔断时，一般按(　　)来选择。

A. $I_N = 1.03I_F$　　　　　　B. $I_N = 1.57I_F$

C. $I_N = 2.57I_F$　　　　　　D. $I_N = 3I_F$

196. 双向晶闸管具有(　　)层结构。

A. 3　B. 4　C. 5　D. 6

197. 总是在电路输出端并联一个(　　)二极管。

A. 整流　B. 稳压　C. 续流　D. 普通

198. X6132 型万能铣床的冷却泵电动机 M3 为 0. 125kW，应选择(　　)BVR 型塑料铜芯线。

A. $1mm^2$　B. $1.5mm^2$　C. $4mm^2$　D. $10mm^2$

199. X6132 型万能铣床敷设控制板选用(　　)。

A. 单芯硬导线　B. 多芯硬导线　C. 多芯软导线　D. 双绞线

200. X6132 型万能铣床电气控制板制作前绝缘电阻低于(　　)，则必须进行烘干处理。

A. 0. 3MΩ　B. 0. 5MΩ　C. 1. 5MΩ　D. 4. 5MΩ

201. X6132 型万能铣床电气控制板制作前，应准备电工工具一套，钻孔工具一套包括手枪钻、钻头及(　　)等。

A. 螺丝刀　B. 电工刀　C. 台钻　D. 丝锥

202. X6132 型万能铣床制作电气控制板时，划出安装标记后进行钻孔、攻螺纹、去毛刺、修磨，将板两面刷防锈漆，并在正面喷涂(　　)。

A. 黑漆　B. 白漆　C. 蓝漆　D. 黄漆

203. 制作 X6132 型万能铣床线路左、右侧配电箱控制板时，要注意控制板的(　　)，使它们装上元件后能自由进出箱体。

A. 尺寸　B. 颜色　C. 厚度　D. 重量

204. X6132 型万能铣床线路采用沿板面敷设法敷线时，应采用(　　)。

A. 塑料绝缘单心硬铜线　B. 塑料绝缘软铜线

C. 裸导线　D. 护套线

205. X6132 型万能铣床线路导线与端子连接时，导线接入接线端子，首先根据实际需要剥切出连接长度，(　　)，然后，套上标号套管，再与接线端子可靠地连接。

A. 除锈和清除杂物　B. 测量接线长度

C. 浸锡　D. 恢复绝缘

206. X6132 型万能铣床电动机的安装，一般采用起吊装置，先将电动机水平吊起至中心高度并与安装孔对正，再将电动机与(　　)连接件啮合，对准电动机安装孔，旋紧螺栓，最后撤去起吊装置。

A. 紧固　B. 转动　C. 轴承　D. 齿轮

207. X6132 型万能铣床限位开关安装前，应检查限位开关支架和(　　)是否完好。

A. 撞块　B. 动触头　C. 静触头　D. 弹簧

208. X6132 型万能铣床敷连接线时，将连接导线从床身或穿线孔穿到相应位置，在两端临时把套管固定。然后，用(　　)校对连接线，套上号码管固定好。

A. 试电笔　B. 万用表　C. 兆欧表　D. 单臂电桥

209. X6132 型万能铣床的主轴电动机 M1 为 7. 5kW，应选择(　　)BVR 型塑料铜芯线。

A. $1mm^2$　B. $2.5mm^2$　C. $4mm^2$　D. $10mm^2$

210. X6132 型万能铣床控制回路一律使用(　　)的塑料铜芯导线。

A. $1.0mm^2$　B. $1.5mm^2$　C. $2.5mm^2$　D. $4mm^2$

211. X6132 型万能铣床电气控制板制作前应检测电动机(　　)。

A. 是否有异味　B. 是否有异常声响

C. 绝缘是否良好　D. 是否振动

212. X6132 型万能铣床线路采用走线槽敷设法敷线时，应采用(　　)。

A. 塑料绝缘单心硬铜线　B. 塑料绝缘软铜线

C. 裸导线　D. 护套线

213. X6132 型万能铣床线路导线与端子连接时，如果导线较多，位置狭窄，不能很好地布置成束，则采用(　　)。

A. 单层分列　B. 多层分列　C. 横向分列　D. 纵向分列

214. 机床的电气连接时，元器件上端子的接线用剥线钳剪切出适当长度，剥出接线头，除锈，然后镀锡，(　　)，接到接线端子上用螺钉拧紧即可。

A. 套上号码套管　B. 测量长度

C. 整理线头　D. 清理线头

215. 机床的电气连接时，所有接线应(　　)。

A. 连接可靠，不得松动　B. 长度合适，不得松动

C. 整齐，松紧适度　D. 除锈，可以松动

216. 机床的电气连接时，元器件上端子的接线用剥线钳剪切出适当长度，剥出接线头，除锈，然后(　　)，套上号码套管，接到接线端子上用螺钉拧紧即可。

A. 镀锡　B. 测量长度　C. 整理线头　D. 清理线头

217. 20/5t 桥式起重机安装前检查各电器是否良好，其中包括检查电动机、电磁制动器、(　　)及其他控制部件。

A. 凸轮控制器　B. 过电流继电器

C. 中间继电器　D. 时间继电器

218. 20/5t 桥式起重机安装前应准备好常用仪表，主要包括(　　)。

A. 试电笔　　B. 直流双臂电桥
C. 直流单臂电桥　　D. 500V 兆欧表

219. 20/5t 桥式起重机安装前应准备好辅助材料，包括电气连接所需的各种规格的导线、压接导线的线鼻子、绝缘胶布、及(　　)等。
A. 剥线钳　B. 尖嘴钳　C. 电工刀　D. 钢丝

220. 起重机轨道的连接包括同一根轨道上接头处的连接和两根轨道之间的连接。两根轨道之间的连接通常采用 30mm×3mm 扁钢或(　　)以上的圆钢。
A. ϕ5mm　B. ϕ8mm　C. ϕ10mm　D. ϕ20mm

221. 桥式起重机接地体的制作时，可选用专用接地体或用 50mm×50mm×5mm 角钢，截取长度为(　　)，其一端加工成尖状。
A. 0.5m　B. 1m　C. 1.5m　D. 2.5m

222. 桥式起重机接地体；焊接时接触面的四周均要焊接，以(　　)。
A. 增大焊接面积　　B. 使焊接部分更加美观
C. 使焊接部分更加牢固　　D. 使焊点均匀

223. 接地体制作完成后，应将接地体垂直打入土壤中，至少打入(　　)接地体，接地体之间相距 5m。
A. 2 根　B. 3 根　C. 4 根　D. 5 根

224. 桥式起重机连接接地体的扁钢采用(　　)而不能平放，所有扁钢要求平、直。
A. 立行侧放　B. 横放　C. 倾斜放置　D. 纵向放置

225. 桥式起重机接地体安装时，接地体埋设应选在(　　)的地方。
A. 土壤导电性较好　　B. 土壤导电性较差
C. 土壤导电性一般　　D. 任意

226. 为了保证桥式起重机有良好的接地状态，必须保证分段轨道接地可靠，通常采用(　　)扁钢或 ϕ10mm 以上的圆钢弯制成圆弧状，两端分别与两端轨道可靠地焊接。
A. 10mm×1mm　　B. 20mm×2mm
C. 25mm×2mm　　D. 30mm×3mm

227. 桥式起重机接地体安装时，接地体埋设位置应距建筑物 3m 以上的地方，桥式起重机接地体的制作距进出口或人行道(　　)以上，应选在土壤导电性较好的地方。
A. 1m　B. 2m　C. 3m　D. 5m

228. 20/5t 桥式起重机连接线必须采用(　　)。
A. 铜芯多股软线　　B. 橡胶绝缘电线

C. 护套线　　　　　　　　　　D. 塑料绝缘电

229. 20/5t 桥式起重机限位开关的安装要求是：依据设计位置安装固定限位开关，限位开关的型号、规格要符合设计要求，以保证安全撞压、动作灵敏、(　　)。

A. 绝缘良好　　　　　　　　　B. 安装可靠

C. 触头使用合理　　　　　　　D. 便于维护

230. 供、馈电线路采用拖缆安装方式安装时，钢缆从小车上支架孔内穿过，电缆通过吊环与承力尼龙绳一起吊装在钢缆上，一般尼龙绳的长度比电缆(　　)。

A. 稍长一些　B. 稍短一些　C. 长 300mm　D. 长 500mm

231. 橡胶软电缆供、馈电线路采用拖缆安装方式，该结构两端的钢支架采用 50mm×50mm×5mm 角钢或槽钢焊制而成，并通过(　　)固定在桥架上。

A. 底脚　B. 钢管　C. 角钢　D. 扁铁

232. 以 20/5t 桥式起重机导轨为基础，供调整电导管，调整其(　　)，直至误差≤4mm。

A. 水平距离　B. 垂直距离　C. 倾斜距离　D. 交叉距离

233. 以 20/5t 桥式起重机导轨为基础，供电导管调整时，调整导管水平高度时，以悬吊梁为基准，在悬吊架处测量并校准，直至误差(　　)。

A. ≤2mm　B. ≤2. 5mm　C. ≤4mm　D. ≤6mm

234. 起重机照明及信号电路所取得的 220V 及(　　)电源均不接地。

A. 12V　B. 24V　C. 36V　D. 380V

235. 起重机照明电源由 380V 电源电压经隔离变压器取得 220V 和 36V，36V 用于(　　)照明和桥架上维修照明。

A. 桥箱控制室内　　　　　　　B. 桥下

C. 桥箱内电风扇　　　　　　　D. 桥箱内电热取暖

236. 起重机桥箱内电风扇和电热取暖设备的电源用(　　)电源。

A. 380V　B. 220V　C. 36V　D. 24V

237. 20/5t 桥式起重机电线管路安装时，根据导线直径和根数选择电线管规格，用卡箍、螺钉紧固或(　　)固定。

A. 焊接方法　B. 铁丝　C. 硬导线　D. 软导线

238. 20/5t 桥式起重机连接线必须采用铜芯多股软线，采用多股多芯线时，截面积不小于(　　)。

A. $1mm^2$　B. 1. 5mm　C. 2. 5mm　D. $6mm^2$

239. 桥式起重机操纵室、控制箱内配线时，导线穿好后，应核对导线的数量、(　　)。

A. 质量　　B. 长度　　C. 规格　　D. 走向

240. 桥式起重机电线进入接线端子箱时，线束用(　　)捆扎。

A. 绝缘胶布　　B. 蜡线　　C. 软导线　　D. 硬导线

241. 桥式起重机支架悬吊间距约为(　　)。

A. 0.5m　　B. 1.5m　　C. 2.5m　　D. 5m

242. 20/5t 桥式起重机的电源线进线方式有(　　)和端部进线两种。

A. 上部进线　　B. 下部进线　　C. 中间进线　　D. 后部进线

243. 20/5t 桥式起重机的移动小车上装有主副卷扬机、小车前后运动电动机及(　　)等。

A. 小车左右运动电动机　　B. 下降限位开关

C. 断路开关　　D. 上升限位开关

244. 20/5t 桥式起重机电线管路安装时，根据导线直径和根数选择电线管规格，用卡箍、(　　)紧固或焊接方法固定。

A. 螺钉　　B. 铁丝　　C. 硬导线　　D. 软导线

245. 绕线式电动机转子电刷短接时，负载起动力矩不超过额定力矩 50% 时，按转子额定电流的 35% 选择截面；在其他情况下，按转子额定电流的(　　)选择。

A. 35%　　B. 50%　　C. 60%　　D. 70%

246. 反复短时工作制的周期时间 $T\leqslant10\text{min}$，工作时间 t_G (　　)时，导线的允许电流有下述情况确定：截面小于 6mm^2 的铜线，其允许电流按长期工作制计算。

A. ≥5min　　B. ≤10min　　C. ≤10min　　D. ≤4min

247. 短时工作制的停歇时间不足以使导线、电缆冷却到环境温度时，导线、电缆的允许电流按 (　　) 确定。

A. 反复短时工作制　　B. 短时工作制

C. 长期工作制　　D. 反复长时工作制

248. 短时工作制当工作时间超过(　　)时，导线、电缆的允许电流按长期工作制确定。

A. 1min　　B. 3min　　C. 4min　　D. 8min

249. 根据穿管导线截面和根数选择线管的直径时，一般要求穿管导线的总截面不应超过线管内径截面的(　　)。

A. 15%　　B. 30%　　C. 40%　　D. 55%

250. 反复短时工作制的周期时间 $T\leqslant10\text{min}$，工作时间 $t_g\leqslant4\text{min}$ 时，导线的允许电流有下述情况确定：截面等于(　　)的铜线，其允许电流按长期工作制计算。

A. 1.5mm^2　B. 2.5mm^2　C. 4mm^2　D. 6mm^2

251. 根据导线共管敷设原则，下列各线路中不得共管敷设的是(　　)。

A. 有联锁关系的电力及控制回路　B. 用电设备的信号和控制回路

C. 同一照明方式的不同支线　D. 事故照明与工作照明线路

252. 干燥场所内暗敷时，一般采用管壁较薄的(　　)。

A. 硬塑料管　B. 电线管　C. 软塑料管　D. 水煤气管

253. 白铁管和电线管径可根据穿管导线的截面和根数选择，如果导线的截面积为2.5mm^2，穿导线的根数为三根，则线管规格为(　　)mm。

A. 13　B. 16　C. 19　D. 25

254. 同一照明方式的不同支线可共管敷设，但一根管内的导线数不宜超过(　　)。

A. 4根　B. 6根　C. 8根　D. 10根

255. 转子电子刷不短接，按转子(　　)选择截面。

A. 额定电流　B. 额定电压　C. 功率　D. 带负载情况

256. 小容量晶闸管调速器电路电流截止反馈环节中，信号从主电路电阻R15和并联的RP5取出，经二极管(　　)注入V1的基极，VD15起着电流截止反馈的开关作用。

A. D8　B. VD11　C. VD13　D. VD15

257. 小容量晶闸管调速电路要求(　　)，抗干扰能力强，稳定性好。

A. 可靠性高　B. 调速平滑　C. 设计合理　D. 适用性好

258. 小容量晶体管调速器电路中的电压负反馈环节由(　　)、R3、RP6组成。

A. R7　B. R9　C. R16　D. R20

259. 小容量晶体管调速器电路中的电压负反馈环节由R16、R3、(　　)组成。

A. RP6　B. R9　C. R16　D. R20

260. 小容量晶体管调速器的电路电流截止反馈环节中，信号从主电路电阻R15和并联的(　　)取出，经二极管VD15注入V1的基极，VD15起着电流截止反馈的开关作用。

A. RP1　B. RP3　C. RP4　D. RP5

261. 小容量晶闸管调速电路要求调速平滑，抗干扰能力强，(　　)。

A. 可靠性高　B. 稳定性好　C. 设计合理　D. 适用性好

262. 小容量晶体管调速器电路的主回路采用单相桥式半控整流电路，直接由(　　)交流电源供电。

A. 24V　B. 36V　C. 220V　D. 380V

263. X6132 型万能铣床调试前，应首先检查主回路是否短路，断开变压器二次回路，用万用表(　　)挡测量电源线与零线之间是否短路。

A. $R\times1\Omega$　　B. $R\times10\Omega$　　C. $R\times100\Omega$　　D. $R\times1k\Omega$

264. X6132 型万能铣床调试前，检查电源时，首先接通试车电源，用(　　)检查三相电压是否正常。

A. 电流表　　B. 万用表　　C. 兆欧表　　D. 单臂电桥

265. X6132 型万能铣床主轴上刀制动时，把 SA2—2 打到接通位置；SA2—1闭合，SA1—2 断开 127V 电源，主轴刹车离合器(　　)得电，主轴不能起动。

A. YC1　　B. YC2　　C. YC3　　D. YC4

266. X6132 型万能铣床主轴上刀制动时，把(　　)打到接通位置；SA2—1断开 127V 控制电源，主轴刹车离合器 YC1 得电，主轴不能起动。

A. SA1—1　　B. SA1—2　　C. SA2—1　　D. SA2—2

267. X6132 型万能铣床主轴制动时，元器件动作顺序为：SB1（或 SB2）按钮动作→KM1、M1 失电→KM1 常闭触点闭合→(　　)得电。

A. YC1　　B. YC2　　C. YC3　　D. YC4

268. X6132 型万能铣床主轴变速时主轴电动机的冲动控制中，元器件动作顺序为：SQ7 动作→KM1 动合触点闭合接通→电动机 M1 转动→(　　)复位→KM1 失电→电动机 M1 停止，冲动结束。

A. SQ1　　B. SQ2　　C. SQ3　　D. SQ7

269. X6132 型万能铣床工作台进给变速冲动时，先将蘑菇形手柄向(　　)拉并转动手柄。

A. 里　　B. 外　　C. 上　　D. 下

270. X6132 型万能铣床工作台进给变速冲动时，因蘑菇形手柄一到极限位置即推回原位，所以(　　)只是瞬时动作。

A. SQ2　　B. SQ3　　C. SQ4　　D. SQ6

271. X6132 型万能铣床工作台向上移动时，将(　　)扳到“断开”位置，SA1—1 闭合，SA1—2 断开，SA1—3 闭合。

A. SA1　　B. SA2　　C. SA3　　D. SA4

272. X6132 型万能铣床工作台纵向移动时，操作手柄有(　　)位置。

A. 两个　　B. 三个　　C. 四个　　D. 五个

273. X6132 型万能铣床工作台向后移动时，将(　　)扳到“断开”位置，SA1—1 闭合，SA1—2 断开，SA1—3 闭合。

A. SA1　　B. SA2　　C. SA3　　D. SA4

274. X6132 型万能铣床工作台操作手柄在中间时，行程开关不动作，

(　　)电动机不转。

A. M1　　B. M2　　C. M3　　D. M4

275. X6132型万能铣床工作台快速进给调试时，将操作手柄扳到相应的位置，按下按钮SB5，KM2得电，其辅助触点接通(　　)，工作台就按选定的方向快进。

A. YC1　　B. YC2　　C. YC3　　D. YC4

276. X6132型万能铣床工作台快速进给调试时，将操作手柄扳到相应的位置，按下按钮(　　)，KM2得电，其辅助触点接通YC3，工作台就按选定的方向快进。

A. SB1　　B. SB3　　C. SB4　　D. SB5

277. X6132型万能铣床工作台快速进给调试时，将操作手柄扳到相应的位置，按下按钮SB5，(　　)得电，其辅助触点接通YC3，工作台就按选定的方向快进。

A. KM1　　B. KM2　　C. KM3　　D. KM4

278. X6132型万能铣床工作台快速移动可提高工作效率，调试时，必须保证当按下(　　)时，YC3的即时性和准确性。

A. SB2　　B. SB3　　C. SB4　　D. SB6

279. X6132型万能铣床工作台快速移动时，在其六个方向上，工作台可以由电动机(　　)拖动和快速离合器YC3配合来实现快速移动控制。

A. M1　　B. M2　　C. M3　　D. M4

280. X6132型万能铣床圆工作台回转运动调试时，主轴电动机起动后，进给操作手柄打到(　　)位置。

A. 向左　　B. 向右　　C. 向后　　D. 零

281. X6132型万能铣床圆工作台回转运动调试时，主轴电动机起动后，进给操作手柄打到零位置，并将SA1打到接通位置，M1、M3分别由(　)和KM3吸合而得电运转。

A. KM1　　B. KM2　　C. KM3　　D. KM4

282. X6132型万能铣床主轴起动时，如果主轴不转，检查电动机(　　)控制回路。

A. M1　　B. M2　　C. M3　　D. M4

283. X6132型万能铣床主轴变速时主轴电动机的冲动控制中，元件动作顺序为：SQ7动作→KM1动合触点闭合接通→电动机(　)转动→SQ7复位→KM1失电→电动机M1停止，冲动结束。

A. M1　　B. M2　　C. M3　　D. M4

284. X6132型万能铣床工作台操作手柄在左时，(　　)行程开关动作，M3

电动机正转。

A. SQ1　　B. SQ2　　C. SQ3　　D. SQ5

285. MGB1420 型万能磨床试车调试时，将 SA1 开关转到“试”的位置，中间继电器 KA1 接通电位器 RP6，调节电位器使转速达到(　　)，将 RP6 封住。

A. 20 ~ 30r/min　　B. 100 ~ 200r/min

C. 200 ~ 300r/min　　D. 300 ~ 400r/min

286. MGB1420 型万能磨床试车调试时，将(　　)开关转到“试”的位置，中间继电器 KA1 接通电位器 RP6，调节电位器使转速达到 200 ~ 300r/min，将 RP6 封住。

A. SA1　　B. SA2　　C. SA3　　D. SA4

287. MGB1420 型万能磨床电动机空载通电调试时，将 SA1 开关转到“开”的位置，中间继电器(　　)接通，并把调速电位器接入电路，慢慢转动 RP1 旋钮，使给定电压信号逐渐上升。

A. KA1　　B. KA2　　C. KA3　　D. KA4

288. MGB1420 型万能磨床电动机空载通电调试时，将 SA1 开关转到“开”的位置，中间继电器 KA2 接通，并把调速电位器接入电路，慢慢转动 RP1 旋钮，使给定电压信号(　　)。

A. 逐渐上升　　B. 逐渐下降

C. 先上升后下降　　D. 先下降后上升

289. MGB1420 型万能磨床电动机转数稳定调整时，调节(　　)可调节电压微分负反馈，以改善电动机运转时的动态特性。

A. RP1　　B. RP2　　C. RP4　　D. RP5

290. MGB1420 型万能磨床电动机转数稳定调整时，V19、R26 组成电流正反馈环节，(　　)、R36、R28 组成电压负反馈电路。

A. R27　　B. R29　　C. R31　　D. R32

291. 在 MGB1420 型万能磨床中，充电电阻 R 的大小是根据晶闸管移相范围的要求及(　　)来决定的。

A. 充电电容器 C 的大小　　B. 晶闸管是否触发

C. 晶闸管导通后是否关断　　D. 晶闸管是否过热

292. 在 MGB1420 型万能磨床中，对于单结晶体管来说，一般选用 n 在(　　)左右。

A. 0. 5 ~ 0. 85　　B. 0. 85 ~ 1　　C. 1 ~ 2　　D. 3 ~ 5

293. MGB1420 型万能磨床中，一般触发大容量的晶闸管时，C 应选得大一些，如晶闸管是 100A 的，C 应选(　　)。

A. 0.47μF　B. 0.2μF　C. 2μF　D. 5μF

294. MGB1420 型万能磨床的电容器选择范围一般是(　　)。

A. 0.1 ~ 1μF　B. 1 ~ 1.5μF　C. 2 ~ 3μF　D. 5 ~ 7μF

295. 在 MGB1420 型万能磨床中，若放电电阻选得过小，则(　　)。

A. 晶闸管不易导通　B. 晶闸管误触发

C. 晶闸管导通后不关断　D. 晶闸管过热

296. 在 MGB1420 型万能磨床中，一般触发大容量的晶闸管时，C 应选得大一些，如晶闸管是 50A 的，C 应选(　　)。

A. 0.47μF　B. 0.2μF　C. 2μF　D. 5μF

297. MGB1420 型万能磨床电流截止负反馈电路调整时，工件电动机的功率为(　　)。

A. 0.45kW　B. 0.55kW　C. 0.85kW　D. 0.95kW

298. MGB1420 型万能磨床电流截止负反馈电路调整，工件电动机的功率为 0.55kW，额定电流为 3A，将截止电流调至 4.2A 左右。把电动机转速调到(　　)的范围内。

A. 20 ~ 30r/min　B. 100 ~ 200r/min

C. 200 ~ 300r/min　D. 700 ~ 800r/min

299. 在 MGB1420 型万能磨床中，温度补偿电阻一般选(　　)左右。

A. 100 ~ 150Ω　B. 200 ~ 300Ω　C. 300 ~ 400Ω　D. 400 ~ 500Ω

300. 20/5t 桥式起重机通电调试前的绝缘检查，应用 500V 兆欧表测量设备的绝缘电阻，要求该阻值不低于 0.5MΩ，潮湿天气不低于(　　)。

A. 0.25MΩ　B. 1MΩ　C. 1.5MΩ　D. 2MΩ

301. 20/5t 桥式起重机通电调试前的绝缘检查，应用(　　)兆欧表测量设备的绝缘电阻。

A. 250V　B. 500V　C. 1 000V　D. 2 500V

302. 20/5t 桥式起重机通电调试前，检查过电流继电器的电流值整定情况时，整定总过电流继电器(　　)的电流值为全部电动机额定电流之和的 1.5 倍。

A. K1　B. K2　C. K3　D. K4

303. 20/5t 桥式起重机通电调试前的绝缘检查，应用 500V 兆欧表测量设备的(　　)。

A. 绝缘电阻　B. 电压值　C. 电流值　D. 耐电强度

304. 20/5t 桥式起重机电动机定子回路调试时，在断电情况下，顺时针方向扳动凸轮控制器操作手柄，同时用万用表 $R \times 1\Omega$ 挡测量 2L3—W 及（　　），在 5 挡速度内应始终保持导通。

A. 2L1—U　　B. 2L2—W　　C. 2L2—U　　D. 2L3—W

305. 20/5t 桥式起重机电动机定子回路调试时，在断电情况下，顺时针方向扳动凸轮控制器操作手柄，同时用万用表 $R\times1\Omega$ 挡测量 2L3—W 及 2L1—U，在(　)挡速度内应始终保持导通。

A. 2　　B. 3　　C. 4　　D. 5

306. 20/5t 桥式起重机电动机定子回路调试时，在断电情况下，顺时针方向扳动凸轮控制器操作手柄，同时用万用表(　　)测量 2L3—W 及 2L1—U，在 5 挡速度内应始终保持导通。

A. $R\times1\Omega$ 挡　　B. $R\times10$ 挡　　C. $R\times100$ 挡　　D. $R\times1\text{K}$ 挡

307. 20/5t 桥式起重机电动机转子回路测试时，在断电情况下扳动手柄，沿正方向旋转手柄变速，将(　　)各点之间逐个短接，用万用表 $R\times1\Omega$ 挡测量。

A. R1 ~ R2　　B. R1 ~ R4　　C. R1 ~ R5　　D. R1 ~ R6

308. 20/5t 桥式起重机电动机转子回路测试时，在断电情况下扳动手柄，当转动 5 个挡位时，要求 R5、R4、R3、R2、R1 各点依次与(　　)点短接。

A. R6　　B. R7　　C. R8　　D. R9

309. 20/5t 桥式起重机零位校验时，把凸轮控制器置“零”位。短接 KM 线圈，用万用表测量 L1—L3。当按下起动按钮 SB 时应为(　　)状态。

A. 导通　　B. 断开

C. 先导通后断开　　D. 先断开后导通

310. 20/5t 桥式起重机零位校验时，把凸轮控制器置(　　)位。短接 KM 线圈，用万用表测量 L1—L3。当按下起动按钮 SB 时应为导通状态。

A. “零”　　B. “最大”　　C. “最小”　　D. “中间”

311. 20/5t 桥式起重机零位校验时，把凸轮控制器置“零”位。短接 KM 线圈，用万用表测量(　　)。当按下起动按钮 SB 时应为导通状态。

A. L1—L2　　B. L1—L3　　C. L2—L3　　D. L3

312. 20/5t 桥式起重机的保护功能校验时，短接 KM 辅助触点和线圈接点，用万用表测量 L1 ~ L3 应导通，这时手动断开(　　)、SQ1、SQ_{FW}、SQ_{BW}，L1 ~ L3 应断开。

A. SA1　　B. SA2　　C. SA3　　D. SA4

313. 20/5t 桥式起重机的保护功能校验时，短接 KM 辅助触点和线圈接点，用万用表测量 L1 ~ L3 应导通，这时手动断开 SA1、SQ1、SQ_{FW}、(　　)，L1 ~ L3 应断开。

A. SQ_{AW}　　B. SQ_{CW}　　C. SQ_{DW}　　D. SQ_{BW}

314. 20/5t 桥式起重机主钩上升控制过程中，将电动机接入线路时，将控制手柄置于上升第一挡，KM_{UP}、KM_B 和 KM1 相继吸合，电动机（　　）转子处于较高电阻状态下运转，主钩应低速上升。

A. M1　　B. M2　　C. M4　　D. M5

315. 20/5t 桥式起重机钩上升控制过程中，将电动机接入线路时，将控制手柄置于上升第一挡，(　　)、KM_B 和 KM1 相继吸合，电动机 M5 转子处于较高电阻状态下运转，主钩应低速上升。

A. KM_{UP}　　B. KM_{AP}　　C. KM_{NP}　　D. KM_{BP}

316. 20/5t 桥式起重机主钩上升控制时，接通电源，合上 QS1、QS2 使主钩电路的电源接通，合上(　　)使控制电源接通。

A. QS3　　B. QS4　　C. QS5　　D. QS6

317. 20/5t 桥式起重机主钩上升控制时，将控制手柄置于上升(　　)，确认 KM3 动作灵活。然后测试 R13—R15 间应短接，由此确认 KM3 可靠吸合。

A. 第一档　　B. 第二档　　C. 第三档　　D. 第四档

318. 20/5t 桥式起重机主钩下降控制过程中，在下降方向，在第一挡不允许停留时间超过(　　)。

A. 2s　　B. 3s　　C. 8s　　D. 10s

319. 20/5t 桥式起重机主钩下降控制过程中，空载慢速下降，可以利用制动“2”挡配合强力下降(　　)挡交替操纵实现控制。

A. “1”　　B. “3”　　C. “4”　　D. “5”

320. 20/5t 桥式起重机主钩下降控制电路校验时，置下降第四挡位，观察 KM_D、KM_B、KM1、(　　)可靠吸合，KM_D 接通主钩电动机下降电源。

A. KM2　　B. KM3　　C. KM4　　D. KM5

321. 20/5t 桥式起重机主钩下降控制电路校验时，置下降第四挡位，观察(　　)、KM_B、KM1、KM2 可靠吸合，KM_D 接通主钩电动机下降电源。

A. KM_A　　B. KM_C　　C. KM_K　　D. KM_D

322. 20/5t 桥式起重机吊钩加载试车时，加载要(　　)。

A. 快速进行　　B. 先快后慢　　C. 逐步进行　　D. 先慢后快

323. 20/5t 桥式起重机吊钩加载试车时，加载过程中要注意是否有(　　)、异常声音等不正常现象。

A. 电流过大　　B. 电压过高　　C. 异味　　D. 空载损耗大

324. 较复杂机械设备电气控制电路调试前，应准备的设备主要是指(　　)。

A. 交流调速装置

B. 晶闸管开环系统

C. 晶闸管双闭环调速直流拖动装置
D. 晶闸管单闭环调速直流拖动装置

325. 较复杂机械设备电气控制电路调试的原则是(　　)。
A. 先部件，后系统　　B. 先闭环，后开环
C. 先外环，后内环　　D. 先电机，后阻性负载

326. 较复杂机械设备开环调试时，应用示波器检查整流变压器与同步变压器二次侧相对(　　)、相位必须一致。
A. 相序　　B. 次序　　C. 顺序　　D. 超前量

327. 较复杂机械设备反馈强度整定时，使电枢电流等于额定电流的 1.4 倍时，调节(　　)使电动机停下来。
A. RP1　　B. RP2　　C. RP3　　D. RP4

328. 较复杂机械设备电气控制电路调试前，应准备的仪器主要有(　　)。
A. 钳形电流表　　B. 电压表　　C. 转速表　　D. 调压器

329. 较复杂机械设备反馈强度整定时，使电枢电流等于额定电流的(　　)时，调节 RP3 使电动机停下来。
A. 1 倍　　B. 1.4 倍　　C. 1.8 倍　　D. 2 倍

330. CA6140 型车床三相交流电源通过电源开关引入端子板，并分别接到接触器 KM1 上和熔断器 FU1，从接触器 KM1 出来后接到热继电器（　　）上。
A. FR1　　B. FR2　　C. FR3　　D. FR4

331. CA6140 型车床控制电路的电源是通过变压器(　　)引入到熔断器 FU2，经过串联在一起的热继电器 FR1 和 FR2 的辅助触点接到端子板 6 号线。
A. TC　　B. KM　　C. KT　　D. SB

332. CA6140 车床三相交流电源通过电源开关引入端子板，并分别接到接触器 KM1 上和熔断器 FU1 上，从接触器 KM1 出来后接到热继电器 FR1 上，并与电动机(　　)相连接。
A. M1　　B. M2　　C. M3　　D. M4

333. CA6140 车床控制线路的电源是通过变压器 TC 引入到熔断器 FU2，经过串联在一起的热继电器 FR1 和 FR2 的辅助触点接到端子板(　　)。
A. 1 号线　　B. 2 号线　　C. 4 号线　　D. 6 号线

334. CA6140 型车床是机械加工行业中最为常见的金属切削设备，其机床电源开关在机床（　　）。
A. 右侧　　B. 正前方　　C. 左前方　　D. 左侧

335. 电气测绘前，先要了解原线路的控制过程、控制顺序、控制方法

和（　　）等。

A. 布线规律　B. 工作原理　C. 元件特点　D. 工艺

336. 电气测绘时，一般先(　　)，最后测绘各回路。

A. 输入端　B. 主干线　C. 简单后复杂　D. 主线路

337. 电气测绘时，应避免大拆大卸，对去掉的线头应(　　)。

A. 作记号　B. 恢复绝缘　C. 不予考虑　D. 重新连接

338. 电气测绘时，一般先测绘(　　)，后测绘输出端。

A. 输入端　B. 各支路　C. 某一回路　D. 主线路

339. 电气测绘中，发现接线错误时，首先应(　　)。

A. 作好记录　B. 重新接线　C. 继续测绘　D. 使故障保持原状

二、判断题

1. 职业道德不倡导人们的牟利最大化观念。(　　)
2. 办事公道是指从业人员在进行职业活动时要做到助人为乐，有求必应。(　　)
3. 职业纪律中包括群众纪律。(　　)
4. 职业道德具有自愿性的特点。(　　)
5. 职业道德对企业起到增强竞争力的作用。(　　)
6. 创新既不能墨守成规，也不能标新立异。(　　)
7. 事业成功的人往往具有较高的职业道德。(　　)
8. 职业道德是指从事一定职业的人们，在长期职业活动中形成的操作技能。(　　)
9. 部分电路欧姆定律反映了在含电源的一段电路中，电流与这段电路两端的电压及电阻的关系。(　　)
10. 电压的方向规定由低电位指向高电位点。(　　)
11. 电解电容有正负极，使用时负极接高电位，正极接低电位。(　　)
12. 磁感应强度只决定于电流的大小和线圈的几何形状，与磁介质无关，而磁感应强度与磁导率有关。(　　)
13. 交流电是指大小和方向随时间作周期变化的电动势。交流电分为正弦交流电和非正弦交流电两大类，应用最普遍的是非正弦交流电。(　　)
14. 电容两端的电压超前电流90°。(　　)
15. 线电压为相电压的$\sqrt{3}$倍，同时线电压的相位超前相电压30°。(　　)
16. 电磁脱扣器的瞬时脱扣整定电流应大于负载正常工作时可能出现的峰值电流。(　　)
17. 起动按钮优先选用绿色按钮；急停按钮应选用红色按钮，停止按钮优先选用红色按钮。(　　)

18. 变压器是将一种交流电转换成同频率的另一种直流电的静止设备。(　)
19. 二极管具有单向导电性，是线性元件。(　)
20. 由晶体管组成的放大电路，主要作用是将微弱的电信号放大成为所需要的较强的电信号。(　)
21. 定子绕组串电阻的降压起动是指电动机起动时，把电阻串接在电动机定子绕组与电源之间，通过电阻的分压作用来提高定子绕组上的起动电压。(　)
22. 各种绝缘材料的绝缘电阻强度的各种指标是抗张，抗压，抗弯，抗剪，抗撕，抗冲击等各种强度指标。(　)
23. 钻夹头用来装夹直径 12mm 以下的钻头。(　)
24. 当锉刀拉回时，应稍微抬起，以免磨钝锉齿或划伤工件表面。(　)
25. 普通螺纹的牙型角是 55°，英制螺纹的牙型角是 60°。(　)
26. 维修电工以电气原理图，安装接线图和平面布置图最为重要。(　)
27. 技术人员以电气原理图，安装接线图和平面布置图最为重要。(　)
28. 读图的基本步骤有：看图样说明，看主电路，看安装接线。(　)
29. 游标卡尺测量前应清理干净，并将两量爪合并，检查游标卡尺的松紧情况。(　)
30. 电动机是使用最普遍的电气设备之一，一般在 70% ~95% 额定负载下运行时，效率最低，功率因数大。(　)
31. 电击伤害是造成触电死亡的主要原因，是最严重的触电事故。(　)
32. 在电气设备上工作，应填用工作票或按命令执行，其方式有两种。(　)
33. 触电的形式是多种多样的，但除了因电弧灼伤及熔融的金属飞溅灼伤外，可大致归纳为三种形式。(　)
34. 电击伤害不造成触电死亡的主要原因，不是最严重的触电事故。(　)
35. 在爆炸危险场所，如有良好的通风装置，能降低爆炸混合物的浓度，场所危险等级降低。(　)
36. 生态破坏是指由于环境污染和破坏，对多数人的健康、生命、财产造成的公共性危害。(　)
37. 发电机发出的“嗡嗡”声，属于气体动力噪声。(　)
38. 变压器的“嗡嗡”声属于机械噪声。(　)
39. 用耳塞、耳罩、耳棉等个人防护用品来防止噪声的干扰，在所有场合都是有效的。(　)
40. 质量管理是企业经营管理的一个重要内容，是企业的生命线。(　)

41. 劳动者具有在劳动中获得劳动安全和劳动卫生保护的权利。（ ）
42. 劳动者的基本义务中不应包括遵守职业道德。（ ）
43. 劳动安全卫生管理制度对未成年工给予了特殊的劳动保护，这其中的未成年工是指年满16周岁未满18周岁的人。（ ）
44. 劳动者患病或负伤，在规定的医疗期内的，用人单位可以解除劳动合同。（ ）
45. 从提高测量准确度的角度来看，测量时仪表的准确度等级精度越高越好，所以在选择仪表时，可不必考虑经济性，尽管追求仪表的准确度。（ ）
46. 电工指示仪表在使用时，准确度等级为5.0级的仪表可用于实验室。（ ）
47. 某一电工指示仪表属于整流系仪表，这是从仪表的测量对象方面进行划分的。（ ）
48. 从仪表的测量对象上分，电压表可以分为直流电流表和交流电流表。（ ）
49. 非重要回路的2.5级电流表容许使用3.0级的电流互感器。（ ）
50. 电子测量的频率范围极宽，其频率低端已进入 10^{-2} ~ 10^{-3} Hz量级，而高端已达到 4×10^{6} Hz。（ ）
51. 仪表的准确度等级的表示，是仪表在正常条件下时相对误差的百分数。（ ）
52. 在500V及以下的直流电路中，不允许使用直接接入的电表。（ ）
53. 电流表的内阻应远大于电路的负载电阻。（ ）
54. X6132型万能铣床工作台向后、向上压SQ4手柄时，工作台仍不能按选择方向作进给运动。（ ）
55. X6132型万能铣床工作台的左右运动时，手柄所指的方向与运动的方向无关。（ ）
56. X6132型万能铣床工作台变换进给速度时，进给电动机作瞬时转动，是为了使齿轮容易啮合。（ ）
57. X6132型万能铣床的冷却泵和机床照明灯分别由专门的开关控制。（ ）
58. X6132型万能铣床的动力电源是三相交流380V，变压器两侧均有熔断器做过载保护。三个电动机还有热继电器做短路和缺相保护。（ ）
59. MGB1420型万能磨床的工件电动机控制回路中，将SA1扳在试挡时，直流电动机M处于高速点动状态。（ ）
60. 在MGB1420型万能磨床的内外磨砂轮电动机控制回路中，只有FR1 ~

FR3 三只热继电器均起过载保护作用。( )

61. 在 MGB1420 型万能磨床的晶闸管直流调速系统中，R2 为能耗制动电阻。( )
62. MGB1420 型万能磨床晶闸管直流调速系统控制回路的辅助环节中，在电压微分负反馈环节中，调节 RP4 阻值的大小，可以调节反馈量的大小。( )
63. MGB1420 型万能磨床晶闸管直流调速系统控制回路的辅助环节中，由 C2、C5、C10 等组成积分校正环节。( )
64. 若因电动机过载导致直流电动机不能起动时，应将负载降到额定值。( )
65. “短时”运行方式的电动机不能长期运行。( )
66. 电动机受潮，绝缘电阻下降，可进行烘干处理。( )
67. 安装滚动轴承的方法一般有敲打法、钩抓法等。( )
68. 直流电动机转速不正常的故障原因主要有励磁回路电阻过大等。( )
69. 若用测量换向片压降的方法来检查波形绕组开路故障时，当测量到开路的线圈时，毫伏表或是没有读数，或是指示数显著减小。( )
70. 在波型绕组的电枢上有短路线圈时，会同时有几个地方发热。电动机的极数越多，发热的地方就越少。( )
71. 整台电动机一次更换半数以上的电刷之后，最好先空载或轻载运行 6h，使电刷有较好的配合后再满载运行。( )
72. 如果负载加上时电压下降至空载电压的 50% 左右，且电动机有吱吱声，换向器与电刷间火花较大，则可能是有部分电枢绕组短路。( )
73. 当 X6132 型万能铣床工作台不能快速进给时，经检查 KM2 已吸合，则应检查 KM3 的主触点是否接触不良。( )
74. 晶闸管触发移相环节中的晶体管或其他元件损坏会导致电动机“飞车”。可用万用表检测，找出故障原因。( )
75. MGB1420 型万能磨床控制回路电气故障检修时，自动循环磨削加工时不能自动停机，可能是电磁阀 YF 线圈烧坏，应更换线圈。( )
76. MGB1420 型磨床电气故障检修时，如果 KM3 不能吸合，应检查电源电压、控制电压是否正常，检查热继电器 FR1 ~ FR4 是否跳开未复位，触点是否有接触不良现象。( )
77. MGB1420 型磨床工件无级变速直流拖动系统故障检修时，锯齿波随控制信号电压改变而均匀改变，其移相范围应在 120°左右。( )
78. 钳形电流表测量结束后，应将量程开关扳到最大测量挡位置，以便下次安全使用。( )

79. 使用双踪示波器可以直接观测两路信号间的时间差值，一般情况下，被测信号频率较低时采用交替方式。(　　)

80. 使用1 000V量程测量交直流高电压时，应将一测试笔固定接在电路的地电位上，另一表笔去接触被测高压电源，测试过程中应严格按照高压操作规程执行。(　　)

81. 晶体管图示仪使用时，被测晶体管接入测试台之前，应先将峰值电压调节旋钮逆时针旋至零位，将基极阶梯信号选择开关调到最大。(　　)

82. X6132型万能铣床所使用导线的绝缘耐压等级为200V。(　　)

83. X6132型万能铣床限位开关的安装时，要将限位开关放置在撞块安全撞压区外，固定牢固。(　　)

84. X6132型万能铣床控制板安装时，在控制板和控制箱壁之间不允许垫螺母或垫片，以免通电后造成短路事故。(　　)

85. X6132型万能铣床电气控制板制作前，应准备好必要的工具。(　　)

86. 机床的电气连接安装完毕后，若正确无误，则将按钮盒安装就位，关上控制箱门，即可准备试车。(　　)

87. 20/5t桥式起重机安装前检查各电器是否良好，如发现质量问题，应定时修理和更换。(　　)

88. 桥式起重机接地体的一端通常加工成阶梯状。(　　)

89. 接地体制作完成后，深0.8~1.0m的沟中将接地体垂直打入土壤中。(　　)

90. 桥式起重机根据小车在使用过程中不断运动的特点，通常有软线、硬线及软线硬线并用三种供、馈电线路。(　　)

91. 桥式起重机在室内安装时，室内的接地扁钢沿墙敷设，并安装固定扁钢的卡子。(　　)

92. 桥式起重机支架安装要求牢固、水平、排列整齐。(　　)

93. 起重机照明及信号电路所取得的电源，严禁利用起重机壳体或轨道作为工作零线。(　　)

94. 供、馈电线路接好线后，移动小车，观察拖缆拖动情况，吊环不阻滞、电缆受力合理即可准备试车。(　　)

95. 绕线式电动机转子的导线允许电流，不能按电动机的工作制确定。(　　)

96. 起重机照明及信号电路所取得的电源，可以利用起重机壳体或轨道作为工作零线。(　　)

97. 桥式起重机橡胶软电缆供、馈电线路采用拖缆安装方式，电缆移动端与小车上支架固定连接以减少钢缆受力，禁止在钢缆上涂黏油作润滑、防

锈用。(   )

98. 反复短时工作制的周期时间 $T \leqslant 10\text{min}$，工作时间 $t_g \leqslant 4\text{min}$ 时，导线的允许电流有下述情况确定：截面小于 10mm^2 的铝线，其允许电流按长期工作制计算。(   )

99. 当工作时间超过 4min 或停歇时间不足以使导线、电缆冷却到环境温度时，则导线、电缆的允许电流按反复短期工作制确定。(   )

100. 当负载电流大于额定电流时，由于电流截止反馈环节的调节作用，晶闸管的导通角减小，输出的直流电压减小，电流随之减小。(   )

101. 腐蚀性较大的场所内明敷或暗敷，一般采用硬塑料管。(   )

102. X6132 型万能铣床的 SB4 按钮在床身立柱侧的按钮板上。(   )

103. 在 X6132 型万能铣床工作台进给变速冲动过程中，当手柄推回时，用万用表 R×10k 挡测量触点动作情况。(   )

104. X6132 型万能铣床工作台快速进给调试时，工作台可以横向作快速移动。(   )

105. X6132 型万能铣床工作台的快速移动是通过点动与连续控制实现的。(   )

106. 20/5t 桥式起重机调整制动瓦与制动轮的间距时，要求在制动时，制动瓦紧贴在制动轮圆面上无间隙。(   )

107. 20/5t 桥式起重机主钩上升控制时，将控制手柄置于上升第一挡，确认 SA—1、SA—4、SA—5、SA—7 闭合良好。(   )

108. 小容量晶体管调速器电路由于主电路并接了平波电抗器 L_d，故电流输出波形得到改善。(   )

109. KCJ1 型小容量直流电动机晶闸管调速系统由给定电压环节、运算放大器电压负反馈环节、电流截止负反馈环节组成。(   )

110. 为确保安全，20/5t 桥式起重机主钩上升控制调试时，可首先将主钩上升极限位置开关上调到某一位置，确认限位开关保护功能正常后，再恢复到正常位置。(   )

111. 20/5t 桥式起重机电动机定子回路调试时，反向转动手柄与正向转动手柄，短接情况是完全不同的。(   )

112. 机械设备电气控制电路调试前，应将电子元件的插件全部插好，检查设备的绝缘及接地是否良好。(   )

113. 机械设备电气控制电路控制电流测试时，应将万用表测量各点电压是否符合要求 。(   )

114. 由于测绘判断的需要，一定要由熟练的操作工操作。(   )

115. CA6140 型车床的刀架快速移动电动机必须使用。(   )

116. CA6140 型车床的公共控制回路是 1 号线。(　　)

117. CA6140 型车床的主轴、冷却、刀架快速移动分别由两台电动机拖动。(　)

118. 电气测绘最后绘出的是电路控制原理图。(　　)

理论知识试题答案

一、选择题

1. D	2. C	3. A	4. B	5. A	6. D	7. C	8. B	9. C
10. A	11. C	12. C	13. D	14. A	15. A	16. D	17. B	18. B
19. D	20. D	21. C	22. C	23. C	24. B	25. D	26. D	27. D
28. C	29. A	30. D	31. B	32. B	33. D	34. D	35. D	36. D
37. D	38. A	39. C	40. D	41. C	42. C	43. A	44. D	45. C
46. B	47. C	48. B	49. C	50. C	51. D	52. D	53. C	54. B
55. D	56. D	57. B	58. D	59. D	60. D	61. D	62. C	63. D
64. D	65. C	66. A	67. D	68. C	69. D	70. C	71. C	72. D
73. D	74. C	75. D	76. D	77. D	78. D	79. D	80. C	81. B
82. C	83. B	84. D	85. B	86. A	87. D	88. B	89. C	90. D
91. A	92. A	93. D	94. D	95. D	96. B	97. B	98. B	99. C
100. B	101. B	102. A	103. A	104. A	105. D	106. D	107. A	108. B
109. A	110. D	111. D	112. D	113. B	114. A	115. C	116. C	117. B
118. A	119. A	120. D	121. B	122. A	123. D	124. D	125. D	126. C
127. B	128. A	129. B	130. A	131. B	132. B	133. D	134. B	135. A
136. B	137. B	138. B	139. B	140. A	141. A	142. A	143. C	144. C
145. A	146. A	147. A	148. A	149. C	150. C	151. B	152. C	153. B
154. B	155. C	156. B	157. C	158. B	159. A	160. A	161. B	162. C
163. A	164. A	165. A	166. A	167. B	168. A	169. B	170. A	171. C
172. C	173. A	174. A	175. C	176. B	177. B	178. C	179. B	180. B
181. B	182. C	183. B	184. D	185. D	186. C	187. B	188. A	189. C
190. A	191. C	192. C	193. B	194. A	195. B	196. C	197. C	198. B
199. A	200. B	201. D	202. B	203. A	204. A	205. A	206. D	207. A
208. B	209. C	210. A	211. C	212. B	213. B	214. A	215. A	216. A
217. A	218. D	219. D	220. C	221. D	222. A	223. B	224. A	225. A
226. D	227. C	228. A	229. B	230. B	231. A	232. A	233. A	234. C
235. A	236. B	237. A	238. A	239. C	240. B	241. B	242. C	243. D

244. A　245. B　246. D　247. C　248. C　249. C　250. D　251. D　252. B
253. B　254. C　255. A　256. D　257. B　258. C　259. A　260. D　261. B
262. C　263. A　264. B　265. A　266. D　267. A　268. D　269. B　270. D
271. A　272. B　273. A　274. C　275. C　276. D　277. B　278. D　279. C
280. D　281. A　282. A　283. A　284. A　285. C　286. A　287. B　288. A
289. D　290. B　291. A　292. A　293. A　294. A　295. A　296. A　297. B
298. D　299. C　300. A　301. B　302. D　303. A　304. A　305. D　306. A
307. D　308. A　309. A　310. A　311. B　312. A　313. D　314. D　315. A
316. A　317. C　318. B　319. B　320. A　321. D　322. C　323. C　324. C
325. A　326. A　327. C　328. C　329. B　330. A　331. A　332. A　333. D
334. C　335. A　336. B　337. A　338. A　339. A

二、判断题

1. ×　2. ×　3. √　4. ×　5. ×　6. ×　7. √　8. ×
9. ×　10. ×　11. ×　12. ×　13. ×　14. ×　15. √　16. √
17. ×　18. ×　19. ×　20. ×　21. ×　22. ×　23. ×　24. √
25. ×　26. √　27. ×　28. ×　29. ×　30. ×　31. ×　32. ×
33. ×　34. √　35. √　36. ×　37. ×　38. ×　39. ×　40. ×
41. √　42. ×　43. √　44. ×　45. ×　46. ×　47. ×　48. ×
49. √　50. ×　51. ×　52. ×　53. ×　54. ×　55. ×　56. √
57. √　58. ×　59. ×　60. ×　61. √　62. ×　63. √　64. √
65. √　66. √　67. ×　68. √　69. ×　70. ×　71. ×　72. √
73. ×　74. √　75. ×　76. ×　77. ×　78. √　79. ×　80. √
81. ×　82. ×　83. ×　84. ×　85. √　86. √　87. √　88. ×
89. √　90. ×　91. √　92. √　93. √　94. ×　95. ×　96. ×
97. ×　98. √　99. ×　100. √　101. √　102. ×　103. ×　104. ×
105. ×　106. √　107. ×　108. ×　109. √　110. ×　111. ×　112. ×
113. ×　114. √　115. √　116. ×　117. ×　118. ×

操作技能试题精选

试题一：用硬线进行双重联锁正反转起动能耗制动控制线路的安装与调试

1. 电路图

电路图如图 5-3 所示。

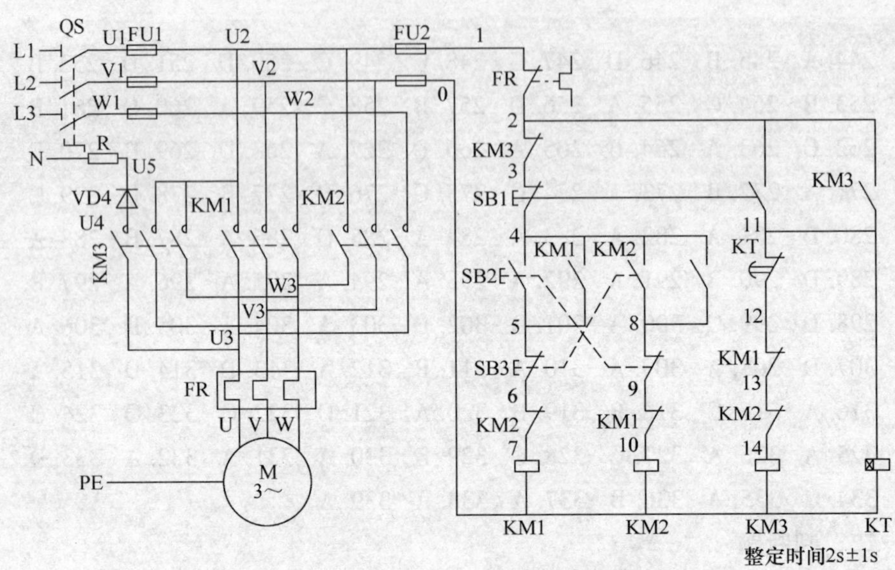

图 5-3　双重联锁正反转起动能耗制动控制线路图

2. 电路原理分析

合上电源开关 QS。正转起动时，按下正转起动按钮 SB2，接触器 KM1 线圈获电吸合，KM1 接触器主触头闭合，电动机 M 起动正转。

正转制动时，按下停止按钮 SB1，接触器 KM1 线圈断电释放，KM1 主触头断开，电动机 M 断电惯性运转，同时接触器 KM3 和时间继电器 KT 线圈获电吸合，KM3 主触头闭合，电动机 M 进行半波能耗制动；能耗制动结束后，KT 动断触头延时断开，KM3 线圈断电释放，KM3 主触头断开半波整流脉动直流，电动机 M 立即停止。

反转起动时，按下正转起动按钮 SB3，接触器 KM2 线圈获电吸合，KM2 接触器主触头闭合，电动机 M 起动正转。

反转制动时，按下停止按钮 SB1，接触器 KM2 线圈断电释放，KM2 主触头断开，电动机 M 断电惯性运转，同时接触器 KM3 和时间继电器 KT 线圈获电吸合，KM3 主触头闭合，电动机 M 进行半波能耗制动；能耗制动结束后，KT 动断触头延时断开，KM3 线圈断电释放，KM3 主触头断开半波整流脉动直流，电动机 M 立即停止。

电动机 M 从正转到反转时，按下正转起动按钮 SB2，接触器 KM1 线圈获电吸合，KM1 接触器主触头闭合，电动机 M 起动正转。按下反转起动按钮 SB3，接触器 KM1 线圈断电释放，KM1 主触头断开和辅助触头断开。接触器 KM2 线圈获电吸合，KM2 接触器主触头闭合，电动机 M 起动正转。

3. 考前准备

仪器仪表及元器件见表5-1。

表5-1　仪器仪表及元器件

序号	名　　称	型号与规格	单位	数量	备　注
1	三相四线电源	~3×380/220V、20A	处	1	
2	单相交流电源	~220V 和 36V，5A	处	1	
3	三相绕线异步电动机	YR-132M2-6，4kW、380V、△联结；或自定	台	1	
4	配线板	500mm×600mm×20mm	块	1	
5	组合开关	HZ10-25/3	个	1	
6	交流接触器	CJ10-10，线圈电压 380V 或 CJ10-20，线圈电压 380V	只	3	
7	热继电器	JR16-20/3，整定电流 10~16A	只	1	
8	时间继电器	JS7－2A，5A、线圈电压 380V	只	1	
9	VD4	二极管 2CZ30，15A、600V	只	1	
10	熔断器及熔芯配套	RL1-60/20	套	3	
11	熔断器及熔芯配套	RL1-15/4	套	2	
12	三联按钮	LA10-3H 或 LA4-3H	个	1	
13	接线端子排	JX2-1015，500V、10A、15 节或配套自定	条	1	
14	木螺钉	ϕ3×20mm；ϕ3×15mm	个	30	
15	平垫圈	ϕ4mm	个	30	
16	圆珠笔	自定	支	1	
17	塑料铜线	BV-2.5mm^2，颜色自定	m	20	
18	塑料铜线	BV-1.5mm^2，颜色自定	m	20	
19	塑料软铜线	BVR-0.75mm^2，颜色自定	m	5	
20	别径压端子	UT2.5-4，UT1-4	个	20	
21	异型塑料管	ϕ3mm	m	0.2	
22	电工通用工具	验电笔、钢丝钳、螺钉旋具（一字形和十字形）、电工刀、尖嘴钳、活扳手、剥线钳等	套	1	
23	万用表	自定	块	1	
24	兆欧表	型号自定，或 500V、0~200MΩ	台	1	
25	钳形电流表	0~50A	块	1	
26	劳保用品	绝缘鞋、工作服等	套	1	

试题二：电气控制电路的设计、安装与调试

技术要求

根据生产工艺需要用两台电动机拖动生产设备。具体要求如下：

1）两地控制。

2）第一台电动机 M1 先起动，电动机 M2 经 3min 后起动；停车时 2 台电动机同时停车。

3）两台电动机都应具有短路保护、过载保护、失压保护和欠压保护。

试设计一个符合要求的电路图，并应用给出的电气元器件及其他材料进行控制电路安装与调试。

试题三：逻辑测试电路的安装

1. 电路图

电路图如图 5-4 所示。

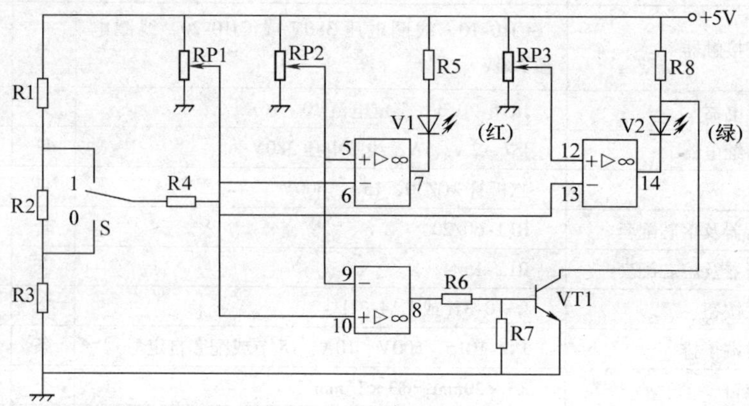

图 5-4　原理图

2. 电路原理分析

电路为一块 LM324 四运放电路组成的逻辑测试电路。调节 RP1、RP2 和 RP3，是运放块相应两个输入端引脚的电压值大小进行比较，从而使输出端引脚得到不同的电压，当 S 扳手开关选择的被测信号为逻辑“0”时，绿色发光二极管发光；当 S 扳手开关选择的被测信号为逻辑“1”时，红色发光二极管发光。调节 RP1 和 RP2，可设定不同的逻辑门限电压。

3. 考前准备

1）工具。电烙铁、验电笔、螺钉旋具、尖嘴钳、平嘴钳、斜口钳、镊子、剥线钳、平头钳、扳手、小刀、螺钉刀、锥子、针头等。

2）仪表。MF30 万用表或 MF47 万用表。

3）器材。三联或二联万能印刷电路板（600mm × 70mm × 2mm）；单股镀锌铜线 AV0. 1mm^2（红色）；多股镀锌铜线 AVR0. 1mm^2（白色）；松香和焊锡丝等，其数量按需要而定。电子元器件见表 5-2。

表 5-2　电子元器件明细表

序 号	代 号	名　　称	型号及规格	数 量
1	V1	发光二极管	HFW314001（红色）	1
2	V2	发光二极管	HFW314001（绿色）	1
3	IC	集成块	LM324	1
4	R1	电阻	RJ21、2.4kΩ　1/8W	1
5	R2	电阻	RJ21、6.8kΩ　1/8W	1
6	R3	电阻	RJ21、820Ω　1/8W	1
7	R4	电阻	RJ21、1kΩ　1/8W	1
8	R5	电阻	RJ21、560Ω　1/4W	1
9	R6	电阻	RJ21、2.7kΩ　1/8W	1
10	R7	电阻	RJ21、2.7kΩ　1/8W	1
11	R8	电阻	RJ21、560Ω　1/4W	1
12	RP1	微调电位器	10kΩ　1/8W ~ 1/4W	1
13	RP2	微调电位器	15kΩ　1/8W ~ 1/4W	1
14	RP3	微调电位器	10kΩ　1/8W ~ 1/4W	1
15	S	单刀双掷扳手开关	自定	1
16		直流电源	+5V	1

试题四：检修断电延时带直流能耗制动Y-△减压起动控制电路电气故障

电路图如图 5-5 所示。

故障设置：在主电路中人为设置电气故障 1 处，在控制电路中人为设置电气故障 2 处。(主回路将 KM3 主触头绝缘，控制回路 KM1 常闭不导通，与 KM2 线圈相连的 L23 号线断开)。

试题五：检修 X62W 万能铣床电气控制电路电气故障

X62W 万能铣床电气控制电路如图 5-6 所示。

1. 故障位置

故障点位置：将 19 区连接 SQ4-2、SQ3-2 的 16 号线断开。

故障现象：工作台不能左右运动。

2. 考前准备

① 工具：测电笔、电工刀、剥线钳、尖嘴钳、斜口钳、螺钉旋具等。

② 仪表：万用表。

③ 设备：X62W 万能铣床及配套电路图。

试题六：20/5t 桥式起重机电气控制电路的维修

20/5t 桥式起重机电气控制电路如图 5-7（见文后插页）所示。

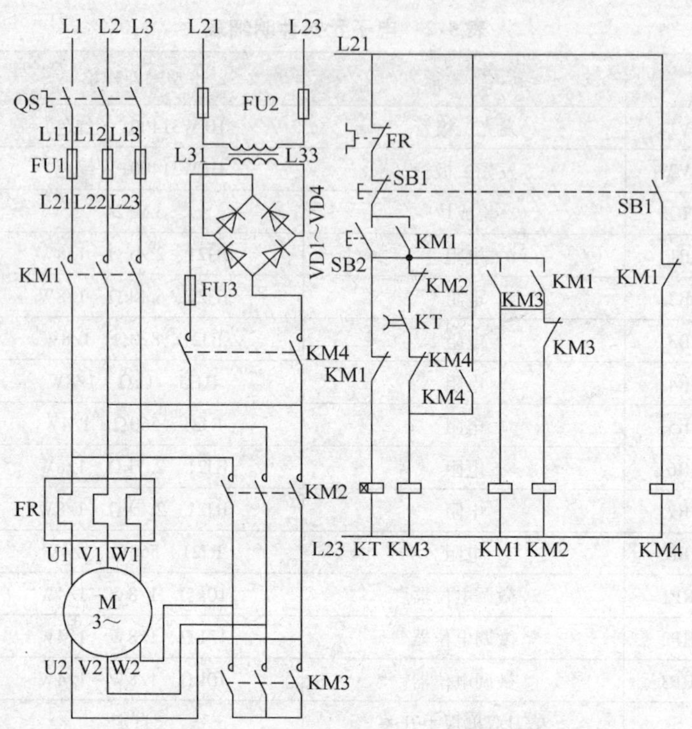

图 5-5　断电延时带直流能耗制动Y-△减压起动控制电路

1. 故障设置

故障现象：主钩既不能上升也不能下降。

故障设置：欠压继电器 KV 自锁触点接触不良。

2. 考前准备

① 工具：测电笔、电工刀、剥线钳、尖嘴钳、斜口钳、螺钉旋具等。

② 仪表：万用表。

③ 设备：桥式起重机。

试题七：检修三相绕线转子异步电动机转子绕组故障

故障设置：按工艺规程检修三相绕线转子异步电动机。在三相绕线式异步电动机转子绕组上设隐蔽故障 1 处。

故障现象：电动机转速低、转矩小，三相电流波动大。

试题八：用三端钮接地电阻测量仪测量接地装置的接地电阻

1. 技术要求

用接地电阻测量仪测量接地装置的接地电阻，测量结果准确无误。

2. 考前准备

接地电阻测量仪（ZC-8）1 台，包括探针、连接导线等附件；接地装置 1 处；铁锤 1 把；电工通用工具 1 套。

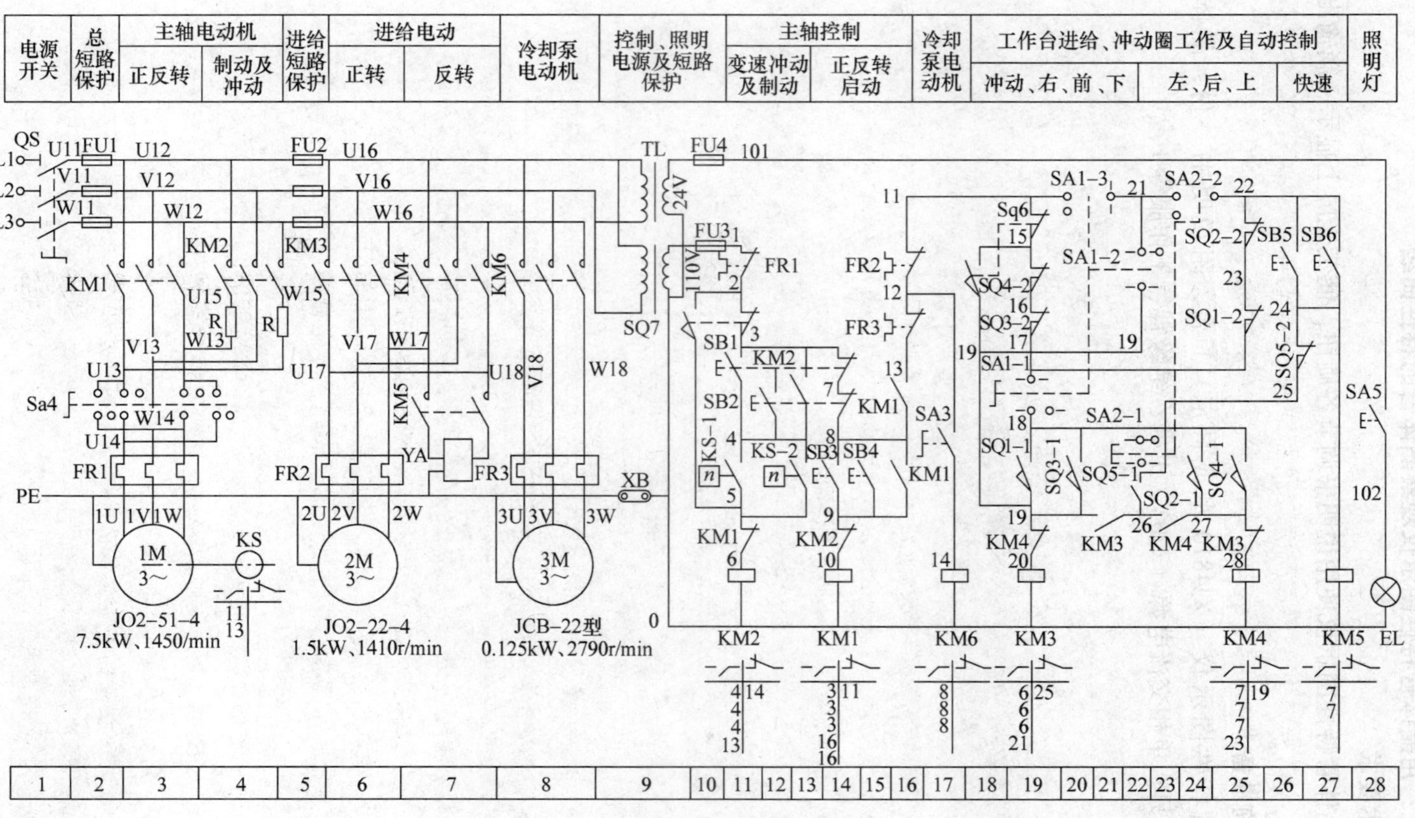

图 5-6 X62W 万能铣床电气原理图

试题九：用晶体管特性图示仪观察晶体管的特性曲线

1. 技术要求

按照晶体管特性图示仪使用说明书调节各旋钮，使荧光屏上显示一簇输出特性曲线。

2. 考前准备

晶体管特性图示仪（XJ4810 型或自定）1 台，附说明书一份；晶体管（3DK2）2 只；单相交流电源（220V）1 处；绝缘鞋、工作服等 1 套。

第六部分

职业资格鉴定模拟试卷样例

维修电工（中级）理论知识试卷

注意事项

1. 考试时间：120min。

2. 本试卷依据2001年颁布的《维修电工国家职业标准》命制。

3. 请首先按要求在试卷的标封处填写您的姓名、准考证号和所在单位的名称。

4. 请仔细阅读各种题目的回答要求，在规定的位置填写您的答案。

5. 不要在试卷上乱写乱画，不要在标封区填写无关的内容。

	一	二	总 分
得 分			

得 分	
评分人	

一、单项选择题（第1题~第160题。选择一个正确的答案，将相应的字母填入题内的括号中。每题0.5分，满分80分。）

1. 下列选项中属于职业道德范畴的是（　　）。

A. 企业经营业绩　　B. 企业发展战略

C. 员工的技术水平　　D. 人们的内心信念

2. 在市场经济条件下，（　　）是职业道德社会功能的重要表现。

A. 克服利益导向　　B. 遏制牟利最大化

C. 增强决策科学化　　D. 促进员工行为的规范化

3. 为了促进企业的规范化发展，需要发挥企业文化的（　　）功能。

A. 娱乐　　B. 主导　　C. 决策　　D. 自律

4. 在商业活动中，不符合待人热情要求的是（　　）。

A. 严肃待客，表情冷漠　　B. 主动服务，细致周到
C. 微笑大方，不厌其烦　　D. 亲切友好，宾至如归

5. 下列事项中属于办事公道的是（　　）。
A. 顾全大局，一切听从上级　　B. 大公无私，拒绝亲戚求助
C. 知人善任，努力培养知己　　D. 坚持原则，不计个人得失

6. 电位是（　　），随参考点的改变而改变，而电压是绝对量，不随考点的改变而改变。
A. 衡量　　B. 变量　　C. 绝对量　　D. 相对量

7. 当线圈中的磁通减小时，感应电流产生的磁通与原磁通方向（　　）。
A. 正比　　B. 反比　　C. 相反　　D. 相同

8. 正弦交流电常用的表达方法有（　　）。
A. 解析式表示法　　B. 波形图表示法
C. 相量表示法　　D. 以上都是

9. 电容两端的电压滞后电流（　　）。
A. 30°　　B. 90°　　C. 180°　　D. 360°

10. 变压器具有改变（　　）的作用。
A. 交变电压　　B. 交变电流　　C. 变换阻抗　　D. 以上都是

11. 将变压器的一次绕组接交流电源，二次绕组开路，这种运行方式称为变压器（　　）运行。
A. 空载　　B. 过载　　C. 满载　　D. 负载

12. 当$\omega t=240°$时，i_1、i_2、i_3分别为（　　）。
A. 0、负值、正值　　B. 0、正值、负值
C. 负值、正值、0　　D. 负值、0、正值

13. 在图6-1所示放大电路中，已知$U_{CC}=6V$、$R_C=2k\Omega$、$R_B=200k\Omega$、$\beta=50$。若R_B减小，晶体管工作在（　　）状态。
A. 放大　　B. 截止　　C. 饱和　　D. 导通

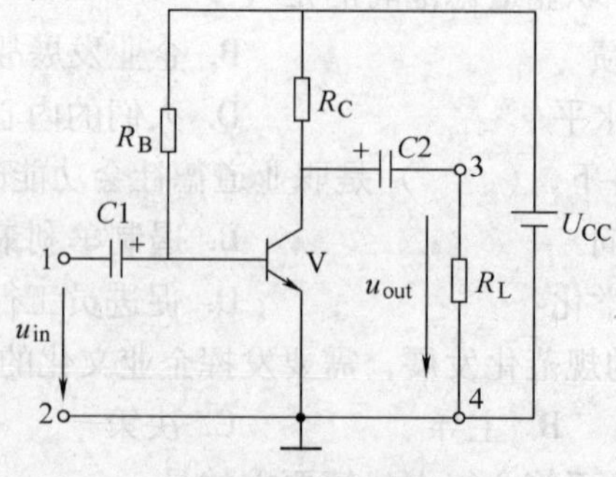

图6-1　放大电路

14. 维修电工以电气原理图、（　）和平面布置最为重要。
A. 配线方式图　B. 安装接线图
C. 接线方式图　D. 组件位置图

15. 定子绕组串电阻的降压起动是指电动机起动时，把电阻串接在电动机定子绕组与电源之间，通过电阻的（　）作用来降低定子绕组上的起动电压。
A. 分流　B. 压降　C. 分压　D. 分压、分流

16. 按钮联锁正反转控制电路的优点是操作方便，缺点是容易产生电源两相短路事故。在实际工作中，经常采用按钮、接触器双重联锁（　）控制电路。
A. 点动　B. 自锁　C. 顺序起动　D. 正反转

17. 若被测电流超过测量机构的允许值，就需要在表头上（　）一个称为分流器的低值电阻。
A. 正接　B. 反接　C. 串联　D. 并联

18. 多量程的电压表是在表内备有可供选择的（　）阻值倍压器的电压表。
A. 一种　B. 两种　C. 三种　D. 多种

19. 交流电压的量程有10V，100V，500V三挡。用毕应将万用表的转换开关转到（　），以免下次使用不慎而损坏电表。
A. 低电阻挡　B. 高电阻挡
C. 低电压挡　D. 高电压挡

20. （　）是使用最普遍的电气设备之一，一般在70%～95%额定负载下运行时，效率最高，功率因数大。
A. 生活照明线路　B. 变压器
C. 工厂照明线路　D. 电动机

21. 工件尽量夹在钳口（　）。
A. 上端位置　B. 中间位置
C. 下端位置　D. 左端位置

22. 丝锥的校准部分具有（　）的牙形。
A. 较大　B. 较小　C. 完整　D. 不完整

23. 当流过人体的电流达到（　）时，就足以使人死亡。
A. 0.1mA　B. 1mA　C. 15mA　D. 100mA

24. 下列污染形式中不属于公害的是（　）。
A. 地面沉降　B. 恶臭
C. 水土流失　D. 振动

25. 下列电磁污染形式不属于人为的电磁污染的是（　　）。
A. 脉冲放电　　B. 电磁场
C. 射频电磁污染　　D. 地震
26. 对于每个职工来说，质量管理的主要内容有岗位的质量要求、质量目标、质量保证措施和（　　）等。
A. 信息反馈　　B. 质量水平
C. 质量记录　　D. 质量责任
27. 岗位的质量要求，通常包括操作程序，工作内容，（　　）及参数控制等。
A. 工作计划　　B. 工作目的
C. 工艺规程　　D. 操作重点
28. 劳动者的基本权利包括（　　）等。
A. 完成劳动任务　　B. 提高职业技能
C. 遵守劳动纪律和职业道德　　D. 接受职业技能培训
29. 劳动者的基本义务包括（　　）等。
A. 执行劳动安全卫生规程　　B. 超额完成工作
C. 休息　　D. 休假
30. 电工指示按仪表测量机构的结构和工作原理分，有（　　）等。
A. 直流仪表和电压表　　B. 电流表和交流仪表
C. 磁电系仪表和电动系仪表　　D. 安装式仪表和可携带式仪表
31. 下列电工指示仪表中若按仪表的测量对象分，主要有（　　）等。
A. 实验室用仪表和工程测量用仪表　　B. 功率表和相位表
C. 磁电系仪表和电磁系仪表　　D. 安装式仪表和可携带式仪表
32. 电工指示仪表的准确等级通常分为七级，它们分别为 0.1 级、0.2 级、0.5 级、1.0 级、1.5 级、2.5 级、（　　）等。
A. 3.0 级　　B. 3.5 级　　C. 4.0 级　　D. 5.0 级
33. 仪表的准确度等级即发生的（　　）与仪表的额定值的百分比。
A. 相对误差　　B. 最大绝对误差
C. 引用误差　　D. 疏失误差
34. 电工指示仪表在使用时，通常根据仪表的准确度等级来决定用途，如（　　）仪表常用于工程测量。
A. 0.1 级　　B. 0.5 级　　C. 1.5 级　　D. 2.5 级
35. 对于有互供设备的变配电所，应装设符合互供条件要求的电测仪表。例如，对可能出现两个方向电流的直流电路，应装设有双向标度尺的（　　）。

A. 功率表　　　　　　　　B. 直流电流表
C. 直流电压表　　　　　　D. 功率因数表

36. 电子仪器按（　　）可分为模拟式电子仪器和数字式电子仪器等。
A. 功能　　　　　　　　B. 工作频段
C. 工作原理　　　　　　D. 操作方式

37. 随着测量技术的迅速发展，电子测量的范围正向更宽频段及（　　）方向发展。
A. 超低频段　　　　　　B. 低频段
C. 超高频段　　　　　　D. 全频段

38. X6132 型万能铣床起动主轴时，先闭合 QS 开关，接通电源，再把换向开关（　）转到主轴所需的旋转方向。
A. SA1　　B. SA2　　C. SA3　　D. SA4

39. X6132 型万能铣床停止主轴时，按停止按钮 SB1—1 或 SB2—1，切断接触器 KM1 线圈的供电电路，并接通主轴制动电磁离合器（　　），主轴即可停止转动。
A. HL1　　B. FR1　　C. QS1　　D. YCl

40. X6132 型万能铣床进给运动时，升降台的上下运动和工作台的前后运动完全由操纵手柄通过行程开关来控制，其中，用于控制工作台向前和向下的行程开关是（　　）。
A. SQ1　　B. SQ2　　C. SQ3　　D. SQ4

41. X6132 型万能铣床工作台向后、（　　）压手柄 SQ4 及工作台向左压手柄，接通接触器 KM4 线圈，即按选择方向作进给运动。
A. 向上　　B. 向下　　C. 向后　　D. 向前

42. X6132 型万能铣床工作台向前、（　　）压手柄 SQ3 及工作台向右压手柄 SQ1，接通接触器 KM3 线圈，即按选择方向作进给运动。
A. 向上　　B. 向下　　C. 向后　　D. 向前

43. X6132 型万能铣床工作台变换进给速度时，当蘑菇形手柄向前拉至极端位置且在反向推回之前借孔盘推动行程开关（　　），瞬时接通接触器 KM3，则进给电动机作瞬时转动，使齿轮容易啮合。
A. SQ1　　B. SQ3　　C. SQ4　　D. SQ6

44. X6132 型万能铣床主轴起动后，若将快速按钮 SB5 或 SB6 按下，接通接触器（　　）线圈电源，接通 YC3 快速离合器，并切断 YC2 进给离合器，工作台按原运动方向作快速移动。
A. KM1　　B. KM2　　C. KM3　　D. KM4

45. X6132 型万能铣床主轴上刀换刀时，先将转换开关 SA2 扳到断开位置，确保主轴（　　），然后再上刀换刀。

A. 保持待命状态　　B. 断开电源

C. 与电路可靠连接　　D. 不能旋转

46. X6132 型万能铣床控制电路中，机床照明由照明变压器供给，照明灯本身由（　　）控制。

A. 主电路　　B. 控制电路

C. 开关　　D. 无专门

47. 在 MGB1420 型万能磨床的砂轮电动机控制回路中，接通电源开关 QS1 后，（　　）交流控制电压通过开关 SA2 控制接触器 KM1，从而控制液压、冷却泵电动机。

A. 24V　　B. 36V　　C. 110V　　D. 220V

48. 在 MGB1420 型万能磨床的工件电动机控制回路中，由晶闸管直流装置 FD 提供电动机 M 所需要的直流电源，（　　）电源由 U7、N 两点引入。

A. 24V　　B. 36V　　C. 110V　　D. 220V

49. 在 MGB1420 型万能磨床的工件电动机控制回路中，主令开关 SAl 扳在开挡时，中间继电器 KA2 线圈吸合，从电位器（　　）引出给定信号电压，同时制动电路被切断。

A. RP1　　B. RP2　　C. RP3　　D. RP4

50. 在 MGB1420 型万能磨床的自动循环工作电路系统中，通过微动开关 SQ1、SQ2，行程开关 SQ3，万能转换开关 SA4，时间继电器（　　）和电磁阀 YT 与油路、机械方面配合实现磨削自动循环工作。

A. KA　　B. KM　　C. KT　　D. KP

51. 在 MGB1420 型万能磨床的电气控制系统中，该系统的工件电动机的转速为（　　）。

A. 0～1100r/min　　B. 0～1900r/min

C. 0～2300r/min　　D. 0～2500r/min

52. 在 MGB1420 型万能磨床晶闸管直流调速系统的主回路中，直流电动机 M 的励磁电压由 220V 交流电源经二极管整流取得（　　）左右的直流电压。

A. 110V　　B. 190V　　C. 220V　　D. 380V

53. 在 MGB1420 型万能磨床晶闸管直流调速系统控制回路的基本环节中，V37 为一级放大，（　　）可看成是一个可变电阻。

A. V33　　B. V34　　C. V35　　D. V37

54. 在 MGB1420 型万能磨床晶闸管直流调速系统控制回路的辅助环节中，

由 R29、R36、R38 组成（　　）。

A. 积分校正环节　　B. 电压负反馈电路
C. 电压微分负反馈环节　　D. 电流负反馈电路

55. 在 MGB1420 型万能磨床晶闸管直流调速系统控制回路中，V36 的基极加有通过 R19、V13 来的正向直流电压和由变压器 TC1 的二次绕组经 V6、（　　）整流后的反向直流电压。

A. V12　B. V21　C. V24　D. V29

56. 绘制电气原理图时，通常把主电路和辅助电路分开，主电路用粗实线画在辅助电路的左侧或（　　）。

A. 上部　B. 下部　C. 右侧　D. 任意位置

57. 在分析较复杂电气原理图的辅助电路时，要对照（　　）进行分析。

A. 主电路　　B. 控制电路
C. 辅助电路　　D. 联锁与保护环节

58. 下列故障原因中（　　）会导致直流电动机不能起动。

A. 电源电压过高　　B. 接线错误
C. 电刷架位置不对　　D. 励磁回路电阻过大

59. 直流电动机转速不正常的故障原因主要有（　　）等。

A. 换向器表面有油污　　B. 接线错误
C. 无励磁电流　　D. 励磁回路电阻过大

60. 直流电动机由于换向器片间云母凸出导致电刷下火花过大时，需刻下片间云母，并对换向器进行槽边（　　）。

A. 调整压力　　B. 纠正位置
C. 倒角、研磨　　D. 更换

61. 直流电动机温升过高时，发现通风冷却不良，此时应检查（　　）。

A. 起动、停止是否过于频繁　　B. 风扇扇叶是否良好
C. 绕组有无短路现象　　D. 换向器表面是否有油污

62. 造成直流电动机漏电的主要原因有（　　）等。

A. 电动机受潮　　B. 并励绕组局部短路
C. 转轴变形　　D. 电枢不平衡

63. 检查波形绕组开路故障时，在六极电动机里，换向器上应有（　　）烧毁的黑点。

A. 两个　B. 三个　C. 四个　D. 五个

64. 检查波形绕组短路故障时，在六极电动机的电枢中，线圈两端是分接在相距（　　）的两片换向片上的。

A. 1/2　B. 1/3　C. 1/4　D. 1/5

65. 用试灯检查电枢绕组对地短路故障时，因试验所用为交流电源，从安全考虑应采用（　　）电压。

A. 36V　B. 110V　C. 220V　D. 380V

66. 车修换向器表面时，加工后换向器与轴的同轴度不超过（　　）。

A. 0.02～0.03mm　B. 0.03～0.35mm

C. 0.35～0.4mm　D. 0.4～0.45mm

67. 用弹簧秤测量电刷的压力时，一般电动机电刷的压力为（　　）。

A. 0.015～0.025MPa　B. 0.025～0.035MPa

C. 0.035～0.04MPa　D. 0.04～0.045MPa

68. 采用热装法安装滚动轴承时，首先将轴承放在油锅里煮，轴承约煮（　　）。

A. 2min　B. 3～5min

C. 5～10min　D. 15min

69. 确定电动机电刷中性线位置时，对于大中型电动机，电压一般为（　　）。

A. 几伏　B. 十几伏

C. 几伏到十几伏　D. 几十伏

70. 直流伺服电动机旋转时有大的冲击，其原因如：测速发电机在1000r/min时，输出电压的纹波峰值大于（　　）。

A. 1%　B. 2%　C. 5%　D. 10%

71. 在无换向器电动机常见故障中，出现了电动机进给有振动现象，这种现象属于（　　）。

A. 误报警故障　B. 转子位置检测器故障

C. 电磁制动故障　D. 接线故障

72. 电磁调速电动机校验和试车时，应正确接线，如是脉冲测速发电机可接（　　）。

A. U、V、W　B. U、W、V

C. V、W、U　D. V、U、W

73. 交磁电机扩大机在运转前应空载研磨电刷接触面，使磨合部分（镜面）达到电刷整个工作面80%以上时为止，通常需空转（　　）。

A. 0.5～1h　B. 1～2h

C. 2～3h　D. 4h

74. 交磁电机扩大机补偿程度的调节时，对于负载是励磁绕组欠补偿程度时，可以调得稍欠一些，一般其外特性为全补偿特性的（　　）。

A. 75%～85%　B. 85%～95%

C. 95%～99%　D. 100%

75. 造成交磁电机扩大机空载电压很低或没有输出的主要原因有（　　）。

A. 电枢绕组短路　　B. 换向绕组短路

C. 补偿绕组过补偿　　D. 换向绕组接反

76. X6132 型万能铣床的全部电动机都不能起动，可能是由于（　　）造成的。

A. 停止按钮常闭触点短路　　B. SQ7 常开触点接触不良

C. SQ7 常闭触点接触不良　　D. 电磁离合器 YC1 无直流电压

77. X6132 型万能铣床主轴停车时没有制动，若主轴电磁离合器 YC1 两端直流电压低，则可能因（　　）线圈内部有局部短路。

A. YC1　　B. YC2　　C. YC3　　D. YC4

78. 当 X6132 型万能铣床工作台不能快速进给，检查接触器（　　）是否吸合。

A. KM1　　B. KM2　　C. KM3　　D. KM4

79. MGB1420 型磨床电气故障检修时，如果液压泵、冷却泵都不转动，则应检查熔断器（　　）是否熔断，再看接触器 KM1 是否吸合。

A. FU1　　B. FU2　　C. FU3　　D. FU4

80. MGB1420 型磨床控制回路电气故障检修时，中间继电器 KA2 不吸合，可能是压力继电器（　　）接触不良。

A. KP　　B. KA　　C. KT　　D. TA

81. MGB1420 型磨床工件无级变速直流拖动系统故障检修时，在观察稳压管的波形的同时，要注意测量稳压管的电流是否在规定的稳压电流范围内。如过大或过小应调整（　　）的阻值，使稳压管工作在稳压范围内。

A. R1　　B. R2　　C. R3　　D. R4

82. 用万用表测量门极和阴极之间正向阻值时，一般反向电阻比正向电阻大，正向（　　），反向数百欧姆以上。

A. 几十欧姆以下　　B. 几百欧姆以下

C. 几千欧姆以下　　D. 几十千欧姆以下

83. 晶闸管调速电路常见故障中，未加信号电压，电动机 M 可旋转，可能是（　　）。

A. 熔断器 FU6 熔丝熔断　　B. 触发电路没有触发脉冲输出

C. 电流截止负反馈过强　　D. 晶体管 V35 或 V37 漏电流过大

84. 在测量额定电压为 500V 以上的线圈的绝缘电阻时，应选用额定电压为（　　）的兆欧表。

A. 500V　　B. 1 000V

C. 2 500V　　D. 2 500V 以上

85. 钳形电流表按结构原理不同，可分为（　　）和电磁式两种。

A. 磁电式　　B. 互感器式

C. 电动式　　D. 感应式

86. 使用 PF-32 数字式万用表测 50mA 直流电流时，按下（　　）键，此时万用表处于测量电流状态 。

A. S1　　B. S2　　C. S3　　D. S8

87. 在对称三相电路中，可采用一只单相功率表测量三相无功功率，其实际三相功率应是测量值乘以（　　）。

A. 2　　B. 3　　C. 4　　D. 5

88. 直流双臂电桥适用于测量（　　）的电阻。

A. 0.1Ω 以下　　B. 1Ω 以下

C. 10Ω 以下　　D. 100Ω 以下

89. 为了使图示仪的坐标尺度准确地反映电压或电流值，全机设有 3 个校正开关。按一个校正开关，屏幕上光点移动（　　）就算校正正确。

A. 2 格　　B. 5 格

C. 10 格　　D. 20 格

90. 直流电动机的转子由电枢铁心、（　　）及换向器等部件组成。

A. 机座　　B. 主磁极

C. 电枢绕组　　D. 换向极

91. 直流电动机的单波绕组中，要求两只相连接的元件边相距约为（　　）极距。

A. 一倍　　B. 两倍　　C. 三倍　　D. 五倍

92. 直流测速发电机的结构与一般直流伺服电动机没有区别，也由铁心、绕组和换向器组成，一般为（　　）。

A. 两极　　B. 四极　　C. 六极　　D. 八极

93. 总是在可控整流电路的输出端并联一个（　　）二极管。

A. 整流　　B. 稳压　　C. 续流　　D. 普通

94. 单相桥式全控整流电路的优点是提高了变压器的利用率，不需要带中间抽头的变压器，且（　　）。

A. 减少了晶闸管的数量　　B. 降低了成本

C. 输出电压脉动小　　D. 不需要维护

95. 快速熔断器采用（　　）熔丝，其熔断时间比普通熔丝短得多。

A. 铜质　　B. 银质　　C. 铅质　　D. 锡质

96. X6132 型万能铣床的主轴电动机 M1 为 7.5kW，应选择（　　）BVR 型塑料铜芯线。

A. $1mm^2$　　B. $2.5mm^2$　　C. $4mm^2$　　D. $10mm^2$

97. X6132 型万能铣床敷设控制板选用（　　）。
A. 单芯硬导线　　B. 多芯硬导线
C. 多芯软导线　　D. 双绞线

98. X6132 型万能铣床电气控制板制作前绝缘电阻低于（　　），则必须进行烘干处理。
A. 0.3MΩ　　B. 0.5MΩ　　C. 1.5MΩ　　D. 4.5MΩ

99. X6132 型万能铣床制作电气控制板时，应用厚（　　）的钢板按要求裁剪出不同规格的控制板。
A. 1mm　　B. 1.5mm　　C. 2.5mm　　D. 4mm

100. X6132 型万能铣床线路左、右侧配电箱控制板时，油漆干后，固定好接触器、（　　）、熔断器、变压器、整流电源和端子等。
A. 电流继电器　　B. 热继电器
C. 中间继电器　　D. 时间继电器

101. X6132 型万能铣床线路采用走线槽敷设法敷线时，应采用（　　）。
A. 塑料绝缘单心硬铜线　　B. 塑料绝缘软铜线
C. 裸导线　　D. 护套线

102. X6132 型万能铣床线路导线与端子连接时，当导线根数不多且位置宽松时，采用（　　）。
A. 单层分列　　B. 多层分列
C. 横向分列　　D. 纵向分列

103. X6132 型万能铣床电动机的安装，一般采用起吊装置，先将电动机水平吊起至中心高度并与安装孔对正，再将电动机与（　　）连接件啮合，对准电动机安装孔，旋紧螺栓，最后撤去起吊装置。
A. 紧固　　B. 转动　　C. 轴承　　D. 齿轮

104. X6132 型万能铣床限位开关安装前，应检查限位开关（　　）和撞块是否完好。
A. 支架　　B. 动触头　　C. 静触头　　D. 弹簧

105. X6132 型万能铣床机床床身立柱上电气部件与升降台电气部件之间的连接导线用金属软管保护，其两端按有关规定用（　　）固定好。
A. 绝缘胶布　　B. 卡子　　C. 导线　　D. 塑料套管

106. 机床的电气连接时，元器件上端子的接线用剥线钳剪切出适当长度，剥出接线头，除锈，然后镀锡，（　　），接到接线端子上用螺钉拧紧即可。
A. 套上号码套管　　B. 测量长度
C. 整理线头　　D. 清理线头

107. 机床的电气连接时，所有接线应（ ）。

A. 连接可靠，不得松动　　B. 长度合适，不得松动

C. 整齐，松紧适度　　D. 除锈，可以松动

108. 20/5t 桥式起重机安装前检查各电器是否良好，其中包括检查电动机、（ ）、凸轮控制器及其他控制部件。

A. 电磁制动器　　B. 过电流继电器

C. 中间继电器　　D. 时间继电器

109. 20/5t 桥式起重机安装前应准备好常用仪表，主要包括（ ）。

A. 试电笔　　B. 直流双臂电桥

C. 直流单臂电桥　　D. 钳形电流表

110. 起重机轨道的连接包括同一根轨道上接头处的连接和两根轨道之间的连接。两根轨道之间的连接通常采用（ ）扁钢或 ϕ10mm 以上的圆钢。

A. 10mm×1mm　　B. 20mm×2mm

C. 25mm×2mm　　D. 30mm×3mm

111. 桥式起重机接地体的制作时，可选用专用接地体或用 50mm×50mm×5mm 角钢，截取长度为（ ），其一端加工成尖状。

A. 0.5m　　B. 1m　　C. 1.5m　　D. 2.5m

112. 接地体制作完成后，应将接地体垂直打入土壤中，至少打入 3 根接地体，接地体之间相距（ ）。

A. 5m　　B. 6m　　C. 8m　　D. 10m

113. 桥式起重机接地体；焊接时接触面的四周均要焊接，以（ ）。

A. 增大焊接面积　　B. 使焊接部分更加美观

C. 使焊接部分更加牢固　　D. 使焊点均匀

114. 桥式起重机支架悬吊间距约为（ ）。

A. 0.5m　　B. 1.5m　　C. 2.5m　　D. 5m

115. 以 20/5t 桥式起重机导轨为基础，供电导管调整时，调整导管水平高度时，以悬吊梁为基准，在悬吊架处测量并校准，直至误差（ ）。

A. ≤2mm　　B. ≤2.5mm　　C. ≤4mm　　D. ≤6mm

116. 20/5t 桥式起重机的电源线进线方式有（ ）和端部进线两种。

A. 上部进线　　B. 下部进线

C. 中间进线　　D. 后部进线

117. 20/5t 桥式起重机限位开关的安装安装要求是：依据设计位置安装固定限位开关，限位开关的型号、规格要符合设计要求，以保证安全撞压、动作灵敏、（ ）。

A. 绝缘良好　　B. 安装可靠
C. 触头使用合理　　D. 便于维护

118. 起重机桥箱内电风扇和电热取暖设备的电源用（　）电源。
A. 380V　B. 220V　C. 36V　D. 24V

119. 起重机照明及信号电路所取得的220V及36V电源均不（　）。
A. 重复接地　B. 接零　C. 接地　D. 工作接地

120. 20/5t桥式起重机电线管路安装时，根据导线直径和根数选择电线管规格，用卡箍、（　）紧固或焊接方法固定。
A. 螺钉　B. 铁丝　C. 硬导线　D. 软导线

121. 20/5t桥式起重机连接线必须采用铜芯多股软线，采用多股多芯线时，截面积不小于（　）。
A. $1mm^2$　B. $1.5mm^2$　C. $2.5mm^2$　D. $6mm^2$

122. 桥式起重机操纵室、控制箱内配线时，导线穿好后，应核对导线的数量、（　）。
A. 质量　B. 长度　C. 规格　D. 走向

123. 桥式起重机电线管进、出口处，线束上应套以（　）保护。
A. 铜管　B. 塑料管　C. 铁管　D. 钢管

124. 20/5t桥式起重机的移动小车上装有主副卷扬机、（　）及上升限位开关等。
A. 小车左右运动电动机　　B. 下降限位开关
C. 断路开关　　D. 小车前后运动电动机

125. 橡胶软电缆供、馈电线路采用拖缆安装方式，该结构两端的钢支架采用50mm×50mm×5mm角钢或槽钢焊制而成，并通过（　）固定在桥架上。
A. 底脚　B. 钢管　C. 角钢　D. 扁铁

126. 供、馈电线路采用拖缆安装方式安装时，钢缆从小车上支架孔内穿过，电缆通过吊环与承力尼龙绳一起吊装在钢缆上，一般尼龙绳的长度比电缆（　）。
A. 稍长一些　　B. 稍短一些
C. 长300mm　　D. 长500mm

127. 转子电刷不短接，按转子（　）选择截面。
A. 额定电流　　B. 额定电压
C. 功率　　D. 带负载情况

128. 反复短时工作制的周期时间$T \leqslant 10min$，工作时间$t_g \leqslant 4min$时，导线的允许电流有下述情况确定：截面等于（　）的铜线，其允许电流按长期工作制计算。

A. $1.5mm^2$　B. $2.5mm^2$　C. $4mm^2$　D. $6mm^2$

129. 短时工作制的工作时间 $t_g \leqslant 4min$，并且停歇时间内导线或电缆能冷却到周围环境温度时，导线或电缆的允许电流按（　　）确定。

A. 反复短时工作制　B. 短时工作制

C. 长期工作制　D. 反复长时工作制

130. 干燥场所内暗敷时，一般采用管壁较薄的（　　）。

A. 硬塑料管　B. 电线管

C. 软塑料管　D. 水煤气管

131. 白铁管和电线管径可根据穿管导线的截面和根数选择，如果导线的截面积为 $2.5mm^2$，穿导线的根数为三根，则线管规格为（　）mm。

A. 13　B. 16　C. 19　D. 25

132. 根据导线共管敷设原则，下列各线路中不得共管敷设的是（　　）。

A. 有联锁关系的电力及控制回路　B. 用电设备的信号和控制回路

C. 同一照明方式的不同支线　D. 工作照明线路与事故照明的线路

133. 小容量晶闸管调速电路要求调速平滑，（　　），稳定性好。

A. 可靠性高　B. 抗干扰能力强

C. 设计合理　D. 适用性好

134. 小容量晶体管调速器电路的主回路采用单相桥式半控整流电路，直接由（　　）交流电源供电。

A. 24V　B. 36V　C. 220V　D. 380V

135. 小容量晶体管调速器电路中的电压负反馈环节由 R16、R3、（　　）组成。

A. RP6　B. R9　C. R16　D. R20

136. 小容量晶体管调速器的电路电流截止反馈环节中，信号从主电路电阻 R15 和并联的（　　）取出，经二极管 VD15 注入 V1 的基极，VD15 起着电流截止反馈的开关作用。

A. RP1　B. RP3　C. RP4　D. RP5

137. X6132 型万能铣床调试前，应首先检查主回路是否短路，断开变压器二次回路，用万用表（　　）挡测量电源线与保护线之间是否短路。

A. $R \times 1\Omega$　B. $R \times 10\Omega$　C. $R \times 100\Omega$　D. $R \times 1k\Omega$

138. X6132 型万能铣床主轴制动时，元件动作顺序为：SB1（或 SB2）按钮动作→KM1、M1 失电→（　　）常闭触点闭合→YC1 得电。

A. KM1　B. KM2　C. KM3　D. KM4

139. X6132 型万能铣床主轴变速时主轴电动机的冲动控制中，元件动作顺序为：SQ7 动作→KM1 动合触点闭合接通→电动机（　　）转动→SQ7 复位→KM1 失电→电动机 M1 停止，冲动结束。

A. M1　　B. M2　　C. M3　　D. M4

140. X6132 型万能铣床工作台向上移动时，将（　　）扳到“断开”位置，SA1—1 闭合，SA1—2 断开，SA1—3 闭合。

A. SA1　　B. SA2　　C. SA3　　D. SA4

141. X6132 型万能铣床工作台快速进给调试时，将操作手柄扳到相应的位置，按下按钮 SB5，KM2 得电，其辅助触点接通（　　），工作台就按选定的方向快进。

A. YC1　　B. YC2　　C. YC3　　D. YC4

142. MGB1420 型万能磨床试车调试时，将 SA1 开关转到“试”的位置，中间继电器 KA1 接通电位器 RP6，调节电位器使转速达到（　　），将 RP6 封住。

A. 20～30r/min　　B. 100～200r/min

C. 200～300r/min　　D. 300～400r/min

143. MGB1420 型万能磨床电动机空载通电调试时，将 SA1 开关转到“开”的位置，中间继电器 KA2 接通，并把调速电位器接入电路，慢慢转动 RP1 旋钮，使给定电压信号（　　）。

A. 逐渐上升　　B. 逐渐下降

C. 先上升后下降　　D. 先下降后上升

144. MGB142 型万能磨床电流截止负反馈电路调整时，应将截止电流调至（　）左右。

A. 1.5A　　B. 2A　　C. 3A　　D. 4.2A

145. MGB1420 型万能磨床电动机转数稳定调整时，V19、（　　）组成电流正反馈环节，R29、R36、R28 组成电压负反馈电路。

A. R26　　B. R27　　C. R31　　D. R32

146. 在 MGB1420 型万能磨床中，一般触发大容量的晶闸管时，C 应选得大一些，如晶闸管是 100A 的，C 应选（　　）。

A. 0.47μF　　B. 0.2μF　　C. 2μF　　D. 5μF

147. 在 MGB1420 型万能磨床中，充电电阻 R 的大小是根据（　　）及充电电容器 C 的大小来决定的。

A. 晶闸管移相范围的要求　　B. 晶闸管是否触发

C. 晶闸管导通后是否关断　　D. 晶闸管是否过热

148. 在 MGB1420 型万能磨床中，要求温度补偿较好时可用（　　）来确定。

A. 经验　B. 实验方法　C. 计算　D. 对比

149. 20/5t 桥式起重机通电调试前，检查过电流继电器的电流值整定情况时，整定总过电流继电器 K4 的电流值为全部电动机额定电流之和的（　）。

A. 0.5 倍　B. 1 倍　C. 1.5 倍　D. 2.5 倍

150. 20/5t 桥式起重机电动机转子回路测试时，在断电情况下扳动手柄，当转动 5 个挡位时，要求 R5、R4、R3、R2、R1 各点依次与（　）点短接。

A. R6　B. R7　C. R8　D. R9

151. 20/5t 桥式起重机零位校验时，把凸轮控制器置（　）位。短接 KM 线圈，用万用表测量 L1 ~ L3。当按下起动按钮 SB 时应为导通状态。

A. "零"　B. "最大"　C. "最小"　D. "中间"

152. 20/5t 桥式起重机的保护功能校验时，短接 KM 辅助触点和线圈接点，用万用表测量 L1 ~ L3 应导通，这时手动断开 SA1、SQ1、SQ_{FW}、（　）,L1 ~ L3 应断开。

A. SQ_{BW}　B. SQ_{AW}　C. SQ_{HW}　D. SQ_{DW}

153. 20/5t 桥式起重机主钩上升控制过程中，将电动机接入线路时，将控制手柄置于上升第一挡，KM_{UP}、KM_B 和（　）相继吸合，电动机 M5 转子处于较高电阻状态下运转，主钩应低速上升。

A. KM1　B. KM2　C. KM3　D. KM4

154. 20/5t 桥式起重机主钩下降控制电路校验时，置下降第四挡位，观察 $KM_{(D)}$、（　）、KM1、KM2 可靠吸合，KM_D 接通主钩电动机下降电源。

A. KM_A　B. KM_C　C. KM_K　D. KM_B

155. 较复杂机械设备电气控制电路调试的原则是（　）。

A. 先闭环，后开环　B. 先系统，后部件

C. 先外环，后内环　D. 先阻性负载，后电机负载

156. 较复杂机械设备开环调试时，应用示波器检查（　）与同步变压器二次侧相对相序、相位必须一致。

A. 脉冲变压器　B. 整流变压器

C. 旋转变压器　D. 自耦变压器

157. CA6140 型车床是机械加工行业中最为常见的金属切削设备，其刀架快速移动控制在中滑板（　）操作手柄上

A. 右侧　B. 正前方　C. 左前方　D. 左侧

158. CA6140 型车床控制线路的电源是通过变压器 TC 引入到熔断器 FU2，

经过串联在一起的热继电器 FR1 和（　　）的辅助触点接到端子板 6 号线。

A. FR1　　B. FR2　　C. FR3　　D. FR4

159. 电气测绘前，先要了解原线路的控制过程、控制顺序、控制方法和（　　）等。

A. 布线规律　　B. 工作原理

C. 元件特点　　D. 工艺

160. 电气测绘时，一般先（　　），最后测绘各回路。

A. 输入端　　B. 主干线

C. 简单后复杂　　D. 主电路

得　分	
评分人	

二、**判断题**（第 161 题 ~ 第 200 题。将判断结果填入括号中。正确的填"√"，错误的填" ×"。每题0.5 分，满分 20 分。）

161. 向企业员工灌输的职业道德太多了，容易使员工产生谨小慎微的观念。（　　）

162. 职业道德是人事业成功的重要条件。（　　）

163. 市场经济条件下，应该树立多转行多学知识多长本领的择业观念。（　　）

164. 在职业活动中一贯地诚实守信会损害企业的利益。（　　）

165. 市场经济时代，勤劳是需要的，而节俭则不宜提倡。（　　）

166. 创新既不能墨守成规，也不能标新立异。（　　）

167. 在电源内部由正极指向负极，即从低电位指向高电位。（　　）

168. 电压表的读数公式为：$U = E - Ir$。（　　）

169. 起动按钮优先选用绿色按钮；急停按钮应选用红色按钮，停止按钮优先选用红色按钮。（　　）

170. 触电的形式是多种多样的，但除了因电弧灼伤及熔融的金属飞溅灼伤外，可大致归纳为三种形式。（　　）

171. 在爆炸危险场所，如有良好的通风装置，能降低爆炸性混合物的浓度，场所危险等级可以降低。（　　）

172. 在电气设备上工作，应填用工作票或按命令执行，其方式有两种。（　　）

173. 变压器的"嗡嗡"声属于机械噪声。（　　）

174. 工业上采用的隔声结构有隔声罩、隔声窗和微穿孔板等。（　　）

175. 劳动者患病或负伤，在规定的医疗期内的，用人单位可以解除劳动合同。（　　）

176. 劳动安全卫生管理制度对未成年工给予了特殊的劳动保护，这其中的未成年工是指年满 16 周岁未满 18 周岁的人。（　　）
177. 电气测量仪表的准确度等级一般不低于 1.5 级。（　　）
178. 非重要回路的 2.5 级电流表容许使用 3.0 级的电流互感器。（　　）
179. X6132 型万能铣床工作台的左右运动时，手柄所指的方向与运动的方向无关。（　　）
180. 在 MGB1420 型万能磨床的内外磨砂轮电动机控制回路中，只有 FR1 ~ FR3 三只热继电器均起过载保护作用。（　　）
181. MGB1420 型万能磨床晶闸管直流调速系统控制回路的辅助环节中，在电压微分负反馈环节中，调节 RP4 阻值大小，可以调节反馈量的大小。（　　）
182. 在 MGB1420 型万能磨床晶闸管直流调速系统控制回路电源部分，由 V9 经 R20、V30 稳压后取得 +30V 电压，以供给定信号电压和电流截止负反馈等电路使用。（　　）
183. 轴承室内润滑脂加得过多或过少会导致直流电动机滚动轴承发热，一般应适量加入润滑脂（一般为轴承室容积的 1/3 ~ 2/3）。（　　）
184. 当 X6132 型万能铣床主轴电动机已起动，而进给电动机不能起动时，接触器 KM3 或 KM4 不能吸合，则可能是限位开关 SQ3 触点接触不良造成的。（　　）
185. 使用双踪示波器可以直接观测两路信号间的时间差值，一般情况下，被测信号频率较低时采用交替方式。（　　）
186. 在自动控制系统中，使被调量偏离给定值的因素称为扰动。（　　）
187. 双向晶闸管的额定电流是指正弦半波平均值。（　　）
188. X6132 型万能铣床电气控制板制作前，应准备必要的工具。（　　）
189. 20/5t 桥式起重机安装前应准备好辅助材料不包括螺钉和螺母。（　　）
190. 桥式起重机接地体埋设时，如果土质较差，则应采取相应措施。（　　）
191. X6132 型万能铣床的 SB3 按钮在升降台的按钮板上。（　　）
192. 为了提高工作效率，X6132 型万能铣床主轴上刀时可以转动。（　　）
193. X6132 型万能铣床工作台的快速移动是通过点动与连续控制实现的。（　　）
194. 在 MGB1420 型万能磨床中，可用钳型电流表测量设备的绝缘电阻。（　　）
195. 20/5t 桥式起重机主钩上升控制时，将控制手柄置于上升第一挡，确认 SA—1、SA—4、SA—5、SA—7 闭合良好。（　　）
196. 20/5t 桥式起重机主钩下降控制线路校验时，空载慢速下降时，应注意在“2”挡停留时间不宜过长。（　　）

197. 20/5t 桥式起重机加载试车调试时，应确保电磁制动能有效的制动。(　　)

198. 机械设备电气控制线路闭环调试时，应先调节速度环，再调节电流环。(　　)

199. CA6140 型车床的刀架快速移动电动机必须使用。(　　)

200. 由于测绘判断的需要，一定要由熟练的操作工操作。(　　)

维修电工（中级）理论知识试卷答案

一、单项选择（第1题~第160题。选择一个正确的答案，将相应的字母填入题内的括号中。每题0.5分，满分80分。）

1. D	2. D	3. D	4. A	5. D	6. D	7. D	8. D	9. B
10. D	11. A	12. C	13. C	14. B	15. C	16. D	17. D	18. D
19. D	20. D	21. B	22. C	23. D	24. C	25. D	26. D	27. C
28. D	29. A	30. C	31. B	32. D	33. B	34. D	35. B	36. C
37. D	38. C	39. D	40. C	41. A	42. B	43. D	44. B	45. D
46. C	47. D	48. D	49. A	50. C	51. C	52. B	53. C	54. B
55. A	56. A	57. B	58. B	59. D	60. C	61. B	62. A	63. B
64. B	65. A	66. A	67. A	68. C	69. C	70. B	71. B	72. A
73. B	74. C	75. A	76. C	77. A	78. B	79. A	80. A	81. B
82. A	83. D	84. B	85. B	86. B	87. B	88. B	89. C	90. C
91. B	92. A	93. C	94. C	95. B	96. C	97. A	98. B	99. C
100. B	101. B	102. A	103. D	104. A	105. B	106. A	107. A	108. A
109. D	110. D	111. D	112. A	113. A	114. B	115. A	116. C	117. B
118. B	119. C	120. A	121. A	122. C	123. B	124. D	125. A	126. B
127. A	128. D	129. A	130. B	131. B	132. D	133. B	134. C	135. A
136. D	137. A	138. A	139. A	140. A	141. C	142. C	143. A	144. D
145. A	146. A	147. A	148. B	149. C	150. A	151. A	152. A	153. A
154. D	155. D	156. B	157. A	158. B	159. A	160. B		

二、判断题（第161题~第200题。将判断结果填入括号中。正确的填“√”，错误的填“×”。每题0.5分，满分20分。）

161. ×	162. √	163. ×	164. ×	165. ×	166. ×	167. ×	168. √
169. ×	170. √	171. √	172. ×	173. ×	174. ×	175. ×	176. √
177. ×	178. √	179. ×	180. ×	181. ×	182. ×	183. √	184. ×
185. ×	186. √	187. ×	188. √	189. ×	190. √	191. ×	192. ×
193. ×	194. ×	195. ×	196. √	197. √	198. ×	199. √	200. √

维修电工（中级）操作技能考核准备通知单

一、试卷说明

1. 本试卷命题以可行性、技术性、通用性为原则编制。

2. 本试卷所考核的内容无地域限制。

3. 本试卷中各项技能考试时间均不包括准备时间。在具体的考试中，各鉴定所（站）应该把每一试题考试准备的时间考虑进去。

4. 本试卷中每一道试题必须在规定的时间内完成，不得延时；在某一试题考核中节余的时间不能在另一试题考核中使用。

二、工具、材料和设备的准备

工具、材料和设备的准备仅针对 1 名考生而言，鉴定所（站）应根据考生人数确定具体数量。如下所示为完整的国家职业技能鉴定中级维修电工操作技能考核工具、材料和设备准备通知单。

试题一：安装和调试三相异步电动机双重联锁正反转起动反接制动的控制电路

准备要求：

序号	名　称	型号与规格	单位	数量	备　注
1	三相四线电源	~3×380/220V、20A	处	1	
2	单相交流电源	~220V 和 36V、5A	处	1	
3	三相电动机	Y112M-4，4kW、380V、△联结；或自定	台	1	
4	配线板	500mm×600mm×20mm	块	1	
5	组合开关	HZ10-25/3	个	1	
6	交流接触器	CJ10-10，线圈电压 380V 或 CJ10-20，线圈电压 380V	只	3	
7	热继电器	JR16-20/3，整定电流 10~16A	只	1	
8	速度继电器	JY1	只	1	
9	中间继电器	JZ7-44A，线圈电压 380V	只	4	
10	制动电阻	自定	只	3	
11	熔断器及熔芯配套	RL1-60/20	套	3	
12	熔断器及熔芯配套	RL1-15/4	套	2	
13	三联按钮	LA10-3H 或 LA4-3H	个	2	
14	接线端子排	JX2-1015，500V、10（A）15 节或配套自定	条	1	
15	木螺钉	$\phi 3\times 20$mm；$\phi 3\times 15$mm	个	30	
16	平垫圈	$\phi 4$mm	个	30	
17	圆珠笔	自定	支	1	

（续）

序号	名　称	型号与规格	单位	数量	备　注
18	塑料硬铜线	BV-2.5mm^2，颜色自定	m	20	
19	塑料硬铜线	BV-1.5mm^2，颜色自定	m	20	
20	塑料软铜线	BVR-0.75mm^2，颜色自定	m	5	
21	别径压端子	UT2.5-4，UT1-4	个	20	
22	异型塑料管	ϕ3mm	m	0.2	
23	电工通用工具	验电笔、钢丝钳、螺钉旋具（一字形和十字形）、电工刀、尖嘴钳、活扳手、剥线钳等	套	1	
24	万用表	自定	块	1	
25	兆欧表	型号自定，或500V、0～200MΩ	台	1	
26	钳形电流表	0～50A	块	1	
27	劳保用品	绝缘鞋、工作服等	套	1	

试题二：检修通电延时带直流能耗制动的Y-△起动的控制电路

准备要求：电路图如图6-2所示。

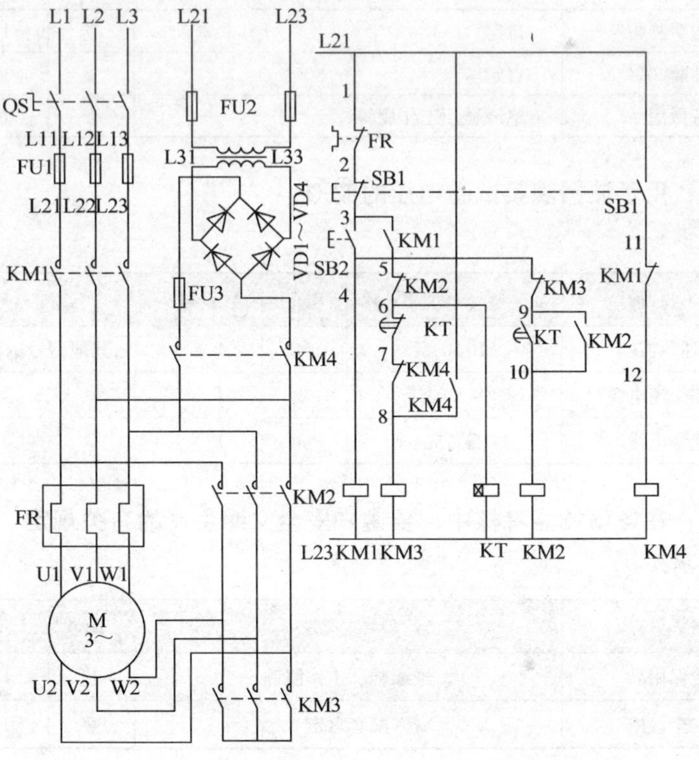

图6-2　电路图

准备要求：

序号	名　称	型号与规格	单位	数量	备　注
1	配线板	模拟通电延时带直流能耗制动的Y-△起动的控制电路配线板	块	1	
2	电路图	通电延时带直流能耗制动的Y-△起动的控制电路配套电路图	套	1	
3	故障排除所用材料	和相应的配线板配套	套	1	
4	异步电动机	Y112M-4，4kW 380V、△接法；或自定	台	1	
5	三相四线电源	~3×380/220V、20A	处	1	
6	电工通用工具	验电笔、钢丝钳、旋具（一字形和十字形）、电工刀、尖嘴钳、活扳手、剥线钳等	套	1	
7	万用表	自定	块	1	
8	兆欧表	型号自定，或500V、0~200MΩ	台	1	
9	钳形电流表	0~50A	块	1	
10	黑胶布	自定	卷	1	
11	透明胶布	自定	卷	1	
12	圆珠笔	自定	支	1	
13	劳保用品	绝缘鞋、工作服等	套	1	

试题三：用示波器观察试验电压的波形

准备要求：

序号	名　称	型号与规格	单位	数量	备　注
1	普通示波器	SB-10型	台	1	其他型号示波器也行
2	单相交流电源	~220V	处	1	
3	绝缘电线	BVR-2.5mm^2	m	1	

试题四：在各项技能考核中，要遵守安全文明生产的有关规定

准备要求：

序号	名　称	型号与规格	单位	数量	备　注
1	劳保用品	绝缘鞋、工作服等	套	1	
2	安全设施	配套自定	套	1	

维修电工（中级）操作技能试卷

注意事项

一、本试卷依据 2001 年颁布的《维修电工中级》国家职业标准命制；

二、本试卷试题如无特别注明，则为全国通用；

三、请考生仔细阅读试题的具体考核要求，并按要求完成操作或进行笔答或口答；

四、操作技能考核时要遵守考场纪律，服从考场管理人员指挥，以保证考核安全顺利进行。

试题一：安装和调试三相异步电动机双重联锁正反转起动反接制动的控制电路

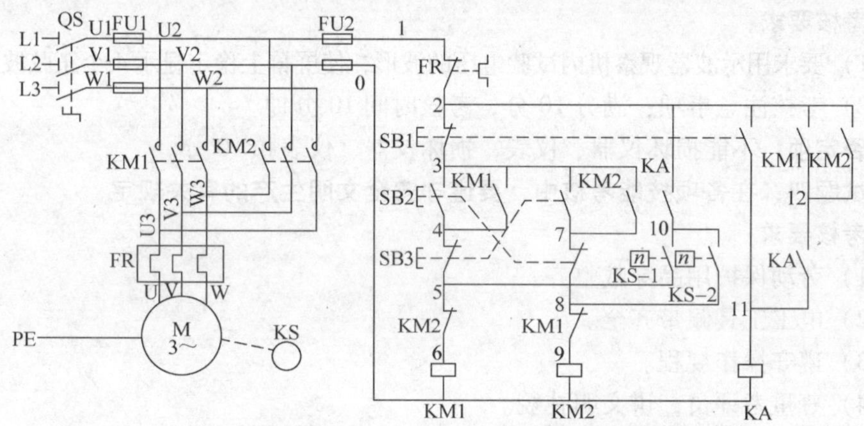

图 6-3　三相异步电动机双重联锁正反转起动反接制动的控制电路图

考核要求：

1）按图纸的要求进行正确熟练地安装；元器件在配线板上布置要合理，安装要正确、紧固，布线要求横平竖直，应尽量避免交叉跨越，接线紧固、美观。正确使用工具和仪表。

2）按钮盒不固定在板上，电源和电动机配线、按钮接线要接到端子排上，要注明引出端子标号。

3）安全文明操作。

4）注意事项：满分 40 分，考试时间 240min。

试题二：检修通电延时带直流能耗制动的Y-△起动的控制电路

在其电路板上，设隐蔽故障 3 处，其中主回路 1 处，控制回路 2 处。考生向考评员询问故障现象时，考评员可以将故障现象告诉考生，考生必须单独排除故障。

考核要求：

1）从设故障开始，考评员不得进行提示。

2）根据故障现象，在电气控制线路图上分析故障可能产生的原因，确定故障发生的范围。

3）排除故障过程中如果扩大故障，在规定时间内可以继续排除故障。

4）正确使用工具和仪表。

5）考核注意事项：

① 满分40分，考试时间45分钟。

② 在考核过程中，要注意安全。

否定项：故障检修得分未达20分，本次鉴定操作考核视为不通过。

试题三：用示波器观察试验电压的波形

考核要求：

1）要求用示波器观察机内试验电压的波形，使屏幕上稳定显示4个正弦波形。

2）考核注意事项：满分10分，考核时间10分钟。

否定项：不能损坏仪器、仪表，损坏仪器、仪表扣10分。

试题四：在各项技能考核中，要遵守安全文明生产的有关规定

考核要求：

1）劳动保护用品穿戴整齐。

2）电工工具佩带齐全。

3）遵守操作规程。

4）尊重考评员，讲文明礼貌。

5）考试结束要清理现场。

6）遵守考场纪律，不能出现重大事故。

7）考核注意事项：

① 本项目满分10分。

② 安全文明生产贯穿于整个技能鉴定的全过程。

③ 考生在不同的技能试题中，违犯安全文明生产考核要求同一项内容的，要累计扣分。

否定项：出现严重违犯考场纪律或发生重大事故，本次技能考核视为不合格。

维修电工（中级）操作技能考核评分记录表

考生姓名：________准考证号：________工作单位：________

题号	一	二	三	四	合计
成绩					

总成绩表

序号	试题名称	配分	得分	权重	最后得分	备注
1	安装和调试三相异步电动机双重联锁正反转起动反接制动的控制电路（2）	40				
2	检修通电延时带直流能耗制动的Y-△起动的控制电路	40				
3	用示波器观察试验电压的波形	10				
4	在各项技能考核中，要遵守安全文明生产的有关规定	10				
合　　计		100				

统分人：　　　　　　　　　　　　　　　　　　　　　　年　月　日

试题一：安装和调试三相异步电动机双重联锁正反转起动反接制动的控制电路

配分、评分标准：

序号	主要内容	考核要求	评分标准	配分	扣分	得分
1	元件安装	1. 按图纸的要求，正确使用工具和仪表，熟练安装电气元器件 2. 元件在配电板上布置要合理，安装要准确、紧固 3. 按钮盒不固定在板上	1. 元器件布置不整齐、不匀称、不合理，每个扣1分 2. 元器件安装不牢固、安装元器件时漏装螺钉，每个扣1分 3. 损坏元件，每个扣2分	5		
2	布线	1. 布线要求横平竖直，接线紧固美观 2. 电源和电动机配线、按钮接线要接到端子排上，要注明引出端子标号 3. 导线不能乱线敷设	1. 电动机运行正常，但未按电路图接线，扣1分 2. 布线不横平竖直，主、控制电路，每根扣0.5分 3. 接点松动、接头露铜过长、反圈、压绝缘层，标记线号不清楚、遗漏或误标，每处扣0.5分 4. 损伤导线绝缘或线芯，每根扣0.5分 5. 导线乱线敷设扣10分	15		

（续）

序号	主要内容	考核要求	评分标准	配分	扣分	得分
3	通电试验	在保证人身和设备安全的前提下，通电试验一次成功	1. 时间继电器及热继电器整定值错误各扣2分 2. 主、控电路配错熔体，每个扣1分 3. 一次试车不成功扣5分；二次试车不成功扣10分；三次试车不成功扣15分	20		
备注			合　计			
			考评员签字	年　月　日		

选择考核项目时应考虑的其他因素：

1）本项目满分40分。

2）本项目考核时间限定在240分钟。

3）在做通电试验时，现场应有2名考评员，其中1人任现场监护。

4）本内容作为中级维修电工的重点考核内容之一，考核时应优先选择。

试题二：检修通电延时带直流能耗制动的Y-△起动的控制电路

配分、评分标准：

序号	主要内容	考核要求	评分标准	配分	扣分	得分
1	调查研究	对每个故障现象进行调查研究	排除故障前不进行调查研究，扣1分	1		
2	故障分析	在电气控制电路上分析故障可能的原因，思路正确	1. 错标或标不出故障范围，每个故障点扣2分	6		
			2. 不能标出最小的故障范围，每个故障点扣1分	3		
3	故障排除	正确使用工具和仪表，找出故障点并排除故障	1. 实际排除故障中思路不清楚，每个故障点扣2分	6		
			2. 每少查出一个故障点扣2分	6		
			3. 每少排除一个故障点扣3分	9		
			4. 排除故障方法不正确，每处扣3分	9		

（续）

序号	主要内容	考核要求	评分标准	配分	扣分	得分
4	其他	操作有误，要从此项总分中扣分	1. 排除障时产生新的故障后不能自行修复，每个扣10分；已经修复，每个扣5分 2. 损坏电动机扣10分			
备注			合　计			
			考评员签字	年　月　日		

否定项：故障检修得分少于20分，本次技能考核视为不合格。

选择考核项目时应考虑的其他因素：

1）本项目满分40分。

2）本项目考核时间限定在45分钟。

3）在做通电试验时，现场应有2名考评员，其中1人任现场监护。

4）本内容为中级维修电工的必考内容之一。

5）本项目故障点不能设在电动机上，其故障数量为3个。

6）本项目为第一类否定项。

试题三：用示波器观察试验电压的波形

配分、评分标准：

序号	主要内容	考核要求	评分标准	配分	扣分	得分
1	测量准备	测量准备工作齐全到位	开机准备工作不熟练，扣2分	2		
2	测量过程	测量过程准确无误	测量过程中，操作步骤每错一次扣1分	4		
3	测量结果	测量结果在允许误差范围之内	测量结果有较大误差或错误，扣3分	3		
4	维护保养	对使用的仪器、仪表进行简单的维护保养	维护保养有误，扣1分	1		
备注			合　计			
			考评员签字	年　月　日		

否定项：要求不能损坏仪器、仪表。损坏仪器、仪表，扣10分。

选择考核项目时应考虑的其他因素：

1）本项目满分10分。

2）本项目考核时间限定在10～30分钟。

3）在做通电试验时，现场应有2名考评员，其中1人任现场监护。

4）本内容为中级维修电工的必考内容之一。

5）本项目具有第二类否定项的内容。

试题四：在各项技能考核中，要遵守安全文明生产的有关规定

配分、评分标准：

序号	主要内容	考核要求	评分标准	配分	扣分	得分
	安全文明生产	1. 劳动保护用品穿戴整齐 2. 电工工具佩带齐全 3. 遵守操作规程 4. 尊重考评员，讲文明礼貌 5. 考试结束要清理现场	1. 各项考试中，违犯安全文明生产考核要求的任何一项扣2分，扣完为止 2. 考生在不同的技能试题考核中，违犯安全文明生产考核要求同一项内容的，要累计扣分 3. 当考评员发现考生有重大事故隐患时，要立即予以制止，并每次扣考生安全文明生产总分5分	10		
备注			合计			
			考评员签字	年　月　日		

否定项：要求遵守考场纪律，不能出现重大事故。出现严重违犯考场纪律或发生重大事故，本次技能考核视为不合格。

选择考核项目时应考虑的其他因素：

1）本项目满分10分。

2）本内容为中级维修电工的必考内容之一，考核时应现场评分。

3）本项目为第一类否定项。

参考文献

[1] 庄建源．国家题库维修电工操作技能手册（初、中、高）［M］．东营：石油大学出版社，2001.

[2] 庄建源．职业技能鉴定国家题库复习指导丛书：维修电工（初、中、高）［M］．东营：石油大学出版社，2002.

[3] 王建．维修电工复习指导［M］．北京：中国劳动社会保障出版社，2004.

[4] 劳动社会与保障部．国家职业标准（维修电工）［M］．北京：中国劳动社会保障出版社，2002.

[5] 王建，马伟．国家职业资格证书取证问答：维修电工（初中级）［M］．北京：机械工业出版社，2005.

[6] 王建．机电设备电气控制线路［M］．北京：中国劳动社会保障出版社，2006.

[7] 李伟，王建．国家职业资格证书取证宝典丛书：维修电工（中级）［M］．北京：中国电力出版社，2007.

[8] 李伟，王建．国家职业技能鉴定培训丛书：维修电工（中级）［M］．郑州：河南科学技术出版社，2008.

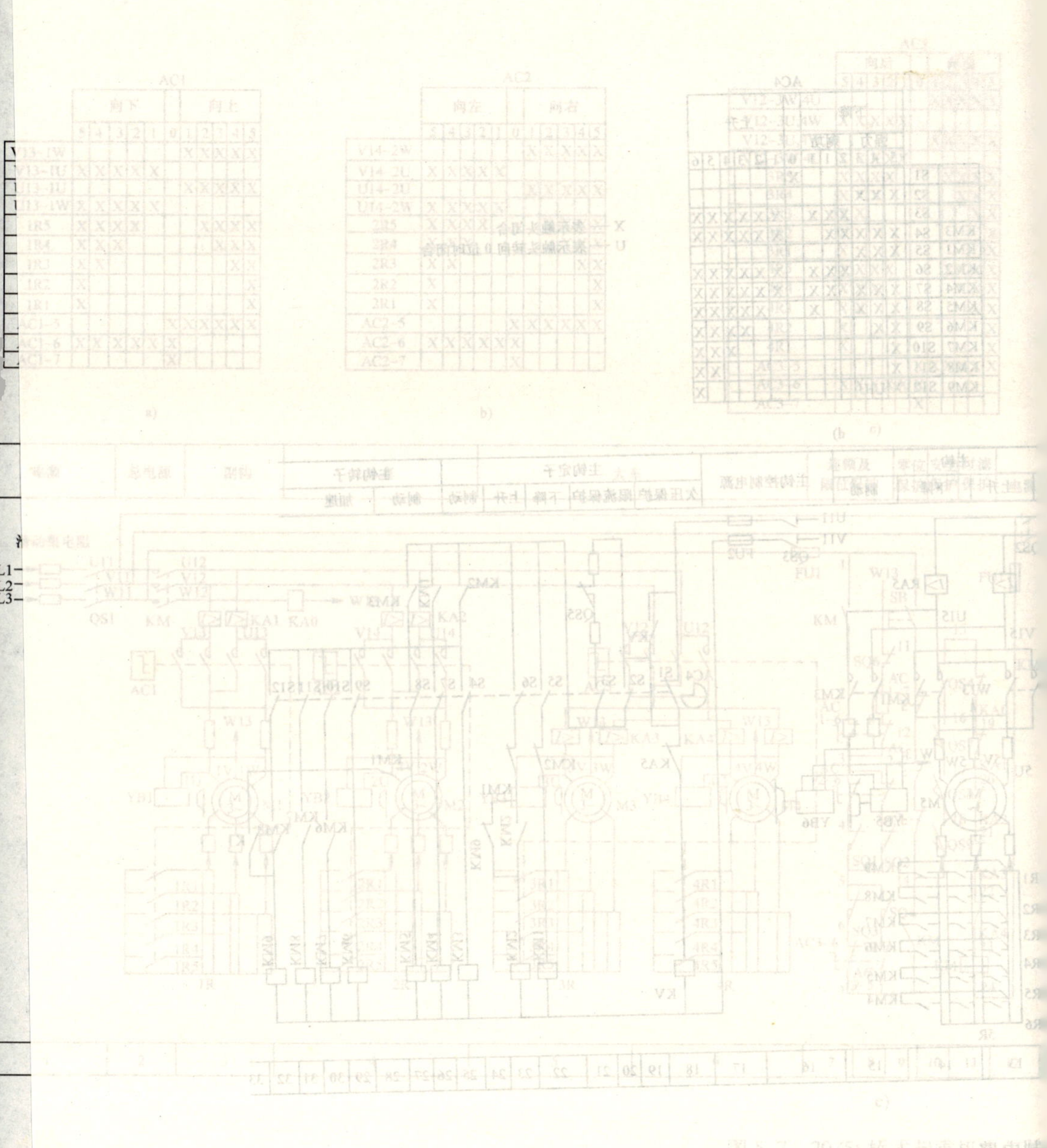

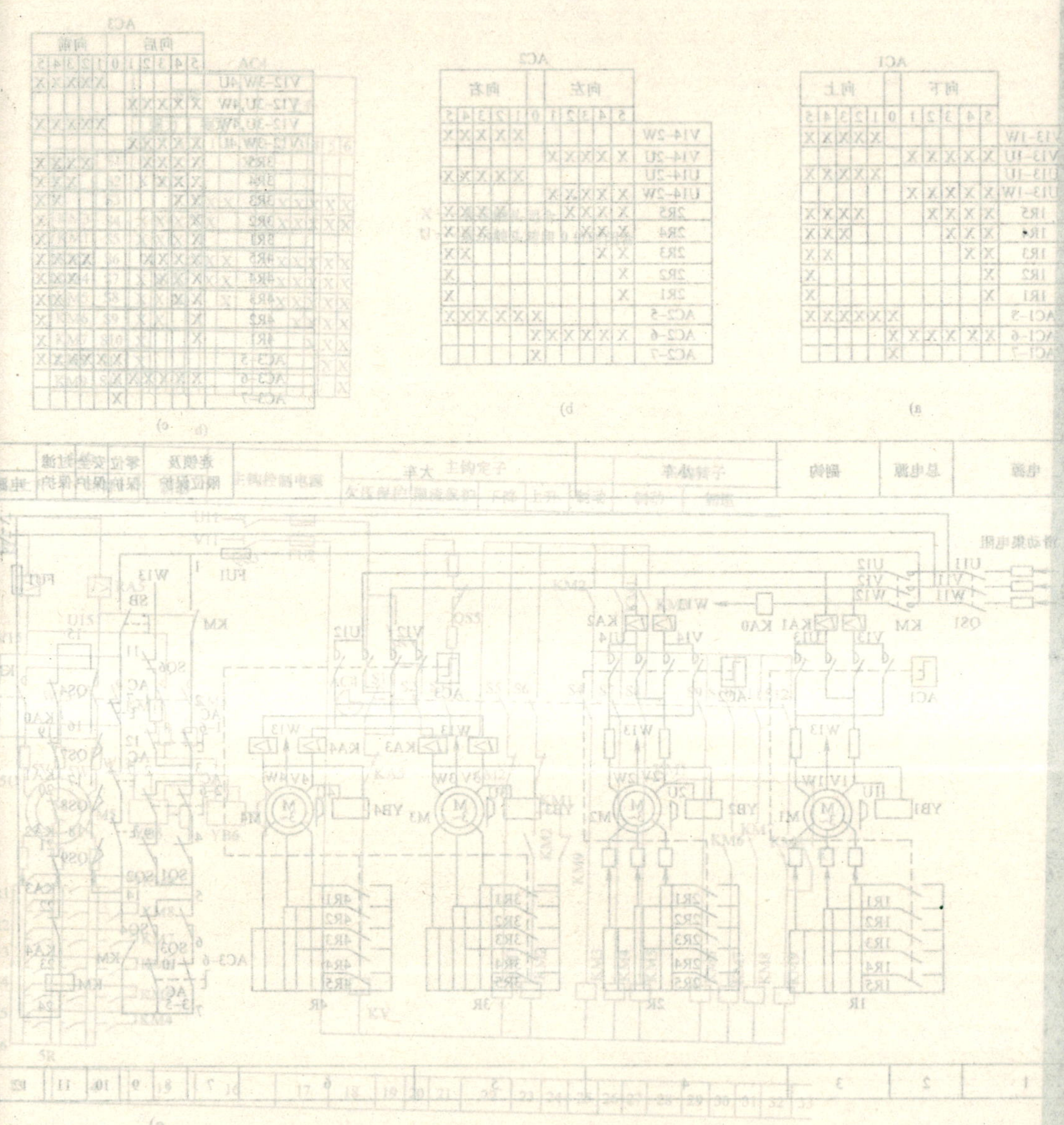